珍珠奶茶店去哪了？

搞懂40種銷售密技！將無名小店變成排隊名店

タピオカ屋はどこへいったのか？

商売の始め方と儲け方がわかるビジネスのカラクリ

U0545119

菅原由一
張竹芋

大家～都過得好充實喔！
下午茶時光♡
加瀨木泰子
新人稅理士※
啊
TAPIO
是久違的珍奶☺
說到這個，車站前也有好幾家珍奶店耶！
之前還常去那邊買
珍珠奶茶
那個時候大家都在喝
久違的想喝耶！
讚啦！來去喝吧！
車站前
可麗露專賣店
可電子支付
登愣
大受打擊
怎麼會這樣……
吵嚷
吵嚷

※譯註：稅理士，日本專門負責稅務申報的專業人士，與會計師不同。類似臺灣的記帳士，但仍有些許不同。

菅原先生！
嘿！
鯛魚燒
菅原由一
SMG會計事務所代表
啊～
加瀨木小姐要吃嗎？
不了……
很久沒看到人買了……
鯛魚燒…
嚼
嚼
也是有白色的鯛魚燒啦！
？
不用了！
真是懷念啊
這麼說起來，珍珠奶茶也是耶
跟之前比起來，提到珍珠奶茶的人感覺變少好多喔！
咻…
流行變來變去的速度好快啊！
唉
經營也變得困難吧，後來就倒閉了……
店長也辛苦了～

也不只是那樣啦。
這是什麼意思？
咦？
咦？聽好了，所謂的商業啊，
就是想著要怎麼賺到錢啊！
噠——啦
接下來，我們去看看珍珠奶茶店都去哪裡了吧！
Let's GO！
菅原先生！等一下啦！

妄想♥

加瀨木泰子 珍珠奶茶店
夢想成功路徑地圖

開始！

- 跟上珍珠奶茶熱潮吧！（P20）
- 立飲店的點子也不錯…？（P26）
- 爽快地揭開企業理念（P49）

要從哪種生意做起才好呢？

應該選擇什麼樣的商業型態呢？

- 線上販售好像也不錯（P89）
- 加盟的話好像可以順利進行（P221）
- 菅原先生說小店用蘭徹斯特戰略（Lanchester's laws）會很有效果……（P95）

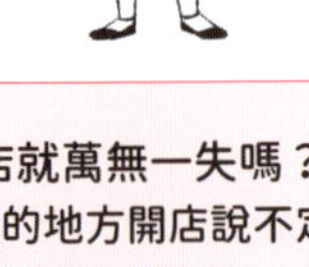

- 在商店街開店就萬無一失嗎？（P86）
- 在富士山之類的地方開店說不定會完蛋！（P113）
- 要一邊進行推廣活動的話……在秋葉原……？（P216）

商品、地段哪一種比較好呢？

• 「高級珍奶」搞不好可以當作新賣點（P104）
• 人潮較少的時段，用折扣促銷如何？（P107）

嗷嗷……
忘記定價了！

滿懷希望！準備好了，
開張!!

• 忙得要死卻還是無法擺脫課稅的泥沼！（P123）
• 景氣不好，大家都不想花錢（P132）

得大量
宣傳才行！

• 就算要打廣告，錢也不夠（P74）
• 名人一來人潮就來！（P141）
• 找認識的網紅來介紹好了！（P138）

我很擅長 SNS 喔！
（老是在 IG 上玩嘛）

- 要不要試試看 Line 的官方帳號或是做活動呢？（P78）
- 差不多也要看看哪個 SNS 集客效果比較好吧？（P81）
- 我也來當網紅如何？（P159）

- 手機的費用太高了！（P147）
- 剛起步真的有必要堅持高品質的服務嗎？（P116）

錢不夠了……
得壓低成本了……

- 珍奶店有必要提供客製化服務嗎？（P37）
- 「珍珠店的訂閱服務！」（等等之類的啦……）（P168）
- 上門推銷珍奶如何？之前沒有人做過吧？（P153）

有辦法推出
新產品嗎？

- 人手不夠！
  但是也沒錢聘請員工！（P189）
- 還是乾脆考慮做無人店啊？（P174）

生意很好，但一個人快做不來了！忙翻啦！

開分店吧！

- 果然還是要去商店街展店吧……（P86）
- 觀光勝地好像也蠻好玩的？（P156）
- 但好想去原宿之類的地方展店喔！（P207）

- 像以前小酒館媽媽桑那樣感覺也不錯耶！（P68）
- 但是資金不夠……完全不夠（P224）

那還是來發展新的事業？

珍珠奶
MEN
我砸!!
呀—!!
倒店
熱潮退去

開炸雞店

熱潮退去

待　續

目次

1 把流行趨勢與社會變化轉爲商機

1-1 爲什麼珍珠奶茶店會流行起來？ …… 20
1-2 爲什麼立飲店年輕的女性顧客比較多？ …… 26
1-3 爲什麼便利商店開始賣起日用品？ …… 31
1-4 爲什麼拉麵店可以指定麵的硬度？ …… 37
1-5 爲什麼精品租賃會流行起來？ …… 43
1-6 爲什麼存在價值明確的企業會成功？ …… 49
1-7 SDGs如何與「經營」產生關聯？ …… 55
專欄1 **稅理士逃兵成爲稅理士的原因** …… 62

2 沒人逛的店變成排隊名店的集客技巧

2-1 遠離鬧區的小酒館怎麼賺到錢？ 68
2-2 成功企業為什麼在網路廣告上很用心？ 74
2-3 為什麼AI時代官方SNS帳號很重要？ 78
2-4 人氣店家如何增加回頭客？ 81
2-5 衰退中的商店街該如何賺到錢？ 86
2-6 為什麼實體商店比網路商店更容易賺到錢？ 89
2-7 你們家附近的拉麵店為什麼會變成熱門店？ 95

3 定價之謎——開店成功的關鍵

3-1 什麼哈密瓜要賣兩萬日圓(約新臺幣四千四百元)?……104
3-2 爲什麼旅費在黃金週時會爆漲?……107
3-3 什麼地方會把杯麵賣到四倍的價格?……113
3-4 一千日圓(約新臺幣二百元)理髮店怎麼樣賺到錢?……116
3-5 爲什麼手遊很多都免費?……123

4 透過提升品牌來控制消費者的心理

4-1 爲什麼高級壽司店的預約都很滿?……132
4-2 爲什麼電視購物的商品都要限量?……135
4-3 爲什麼網紅行銷會如此引人注目?……138

4-4 大企業爲什麼投入鉅額資金，卻砍電視廣告預算？ …… 141
4-5 手機的合約爲什麼複雜到難以理解的程度？ …… 147
4-6 養樂多媽媽如何維繫與顧客之間的關係？ …… 153
4-7 觀光勝地的土產店如何賺到錢？ …… 156
4-8 偶像長得不美不帥居然可以紅？ …… 159
專欄2 **在稅理士業界生存之道** …… 162

5 從成本思考增加利益的撇步

5-1 GAFA爲什麼一直以來都很重視訂閱服務？ …… 168
5-2 無人販售型態的餃子店怎麼賺錢？ …… 174
5-3 爲什麼生意好的咖啡廳餐點menu都很豐富？ …… 177
5-4 小企業爲什麼要成爲運動選手的贊助者？ …… 183

5-5 如何解決人手不足的問題？ 189
5-6 爲什麼路邊除毛店愈來愈多？還能夠維持穩定經營，不受現金周轉影響？ 193
5-7 可樂餅一個八十日圓（約新臺幣十八元）？肉店如何賺到錢？ 197

6 爲什麼那家店要開在那裡？

6-1 爲什麼超商的對面常常是同一系列的另一家超商？ 204
6-2 爲什麼經營得很辛苦的中小企業要把公司開在房租很貴的地方？ 207
6-3 沒那麼好吃的鄉下定食店，爲什麼還是生意興隆？ 210
6-4 阿宅聚集如何活化了秋葉原的經濟？ 216
6-5 爲什麼家庭餐廳開得到處都是？ 221
6-6 爲什麼賺錢的公司還要借錢？ 224
結語 234

珍珠奶茶店去哪了？

搞懂40種銷售密技！將無名小店變成排隊名店

1

把流行趨勢與社會變化轉為商機

1-1 爲什麼珍珠奶茶店會流行起來？

珍奶熱潮一共有三次

捕捉到社會變化，然後抓住機會、趁勢而起——要賺到錢，大抵不脫這樣的法則。珍奶店得以急速增加、形成熱潮，就是典型的成功範例。

珍奶店從二〇一八年開始流行，二〇一九年時「喝珍奶」入選年度新語、流行語大賞的 Top10。

其實，這個熱潮共有三次，第一次是在一九九二年時，從八〇年代起就開始流行在椰奶裡放進白色珍珠的亞洲甜點，在那時引發一股熱潮。第二次是二〇〇八年，臺灣的餐飲連鎖店在日本展店，珍珠奶茶也因此流行起來。這時，奶茶的珍珠從白色變成黑色，從用湯匙食用轉變爲吸管飲用。最近的熱潮，可說就是奠基於這樣的形態上。

「珍奶店」(企業)的發展與演變

出處：東京商工調查(Tokyo Shoko Research, TSR)『珍奶店』動向調查

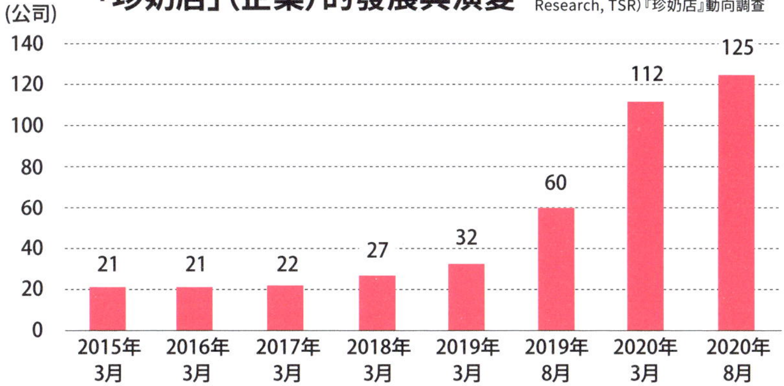
(公司)
140
120
100
80
60
40
20
0
21
21
22
27
32
60
112
125
2015年3月
2016年3月
2017年3月
2018年3月
2019年3月
2019年8月
2020年3月
2020年8月

第三回熱潮時，珍奶店的數量遽增；而最先趕上這股浪潮的企業(店)憑著先發優勢收穫最大利益。

二〇一八年時，由於廉價航空崛起，海外旅遊費用也隨之降低，距離日本不遠的臺灣人氣扶搖而上，成爲日本人的熱門旅遊地點，珍奶的人氣也因此再度捲土重來，形成第三次熱潮。

從「商品」到「體驗」

與之前的熱潮不同，這次的珍奶熱，IG可謂是其中關鍵。在「喝珍奶」獲選新語、流行語大賞之前，「IG美照」就已經在二〇一七年時被選爲年度大賞。

使用社群媒體的年輕族群，經常在Instagram或其他軟體上尋找適合的打卡素

材，而珍奶正巧完全符合「ＩＧ美食」的要件。**原先，消費者購買珍珠奶茶，主要是買來喝，但在這股熱潮中，珍珠奶茶轉變爲年輕世代拍照、打卡的絕佳素材。**

從單純的飲料變成拍照的素材，珍珠奶茶的第三次熱潮，其實是體驗消費的呈現。體驗消費，可說是重視體驗的價值，進而購入商品的消費行爲。

過去，人們在消費上重視商品的機能；但在高機能且多工的產品普遍之後，比起產品本身的價值，「擁有」或「使用」這類不具備形體（體驗）的價值更被重視。這是一項在考慮創業甚至企業運營時，必須要理解的社會變化之一。

什麼是「社會變化」？我們該怎麼看出來呢？「流行熱潮」就是一個短時間的社會變化。而時間上延續得更長的就是「趨勢」，如果延續的時間夠長，就會成爲「常識」。像是環境問題，就是從熱潮變成趨勢，最後轉化爲常識的一個例子。

時至今日，可說考慮環境問題是一個世界通用的常識。過去曾有過樂活族（LOHAS）、環保、良知消費（Ethical consumerism）等較短暫的風潮往而復始地循環，而到了ＳＤＧｓ的時代，這些概念又更加普及、深入我們的生活。

珍奶店都去哪裡了？

沒有人知道下一個熱潮是什麼，也沒有人能預測該浪潮的規模能夠持續到什麼程度。若要趁勢展開新事業，最重要的是，不管什麼樣的產品，都有屬於它的產品生命週期（Product Lifecycle Management，PLM）。另外，考慮到熱潮持續的時間停頓的情況，風險管理上也要評估撤場時機以快速停損。

因此，在開展新的事業時，**如何透過減少投入資金、降低店面空間需求等作為削減初期成本（Initial cost）就非常重要**。

如果熱潮延續的時間超出預期，就要追加投資；如果覺得熱潮即將褪去，就要找下一

「體驗」的需求

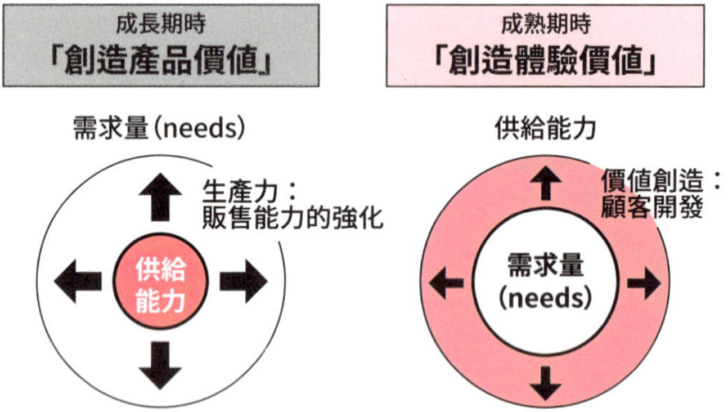
成長期時
「創造產品價值」
成熟期時
「創造體驗價值」
需求量(needs)
生產力：
販售能力的強化
供給
能力
供給能力
價值創造：
顧客開發
需求量
(needs)

社會發展逐漸趨向成熟的特徵之一是各類產品逐漸達到飽和。當人們在物質上的需求陸續被滿足，就是「體驗」消費發展的時機到來。

無論什麼樣的產品，都有生命週期

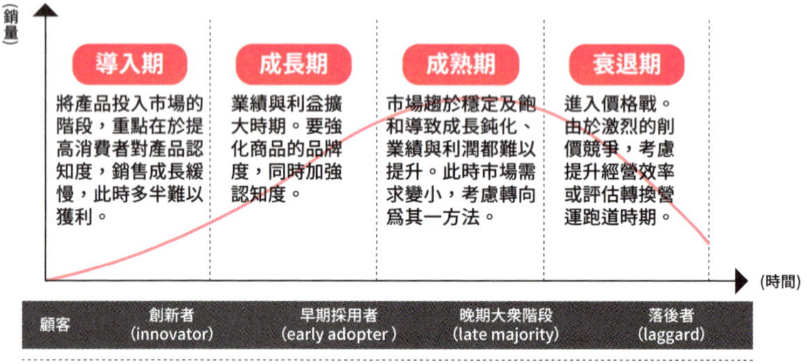
(銷量)
導入期
將產品投入市場的階段，重點在於提高消費者對產品認知度，銷售成長緩慢，此時多半難以獲利。
成長期
業績與利益擴大時期。要強化商品的品牌度，同時加強認知度。
成熟期
市場趨於穩定及飽和導致成長鈍化、業績與利潤都難以提升。此時市場需求變小，考慮轉向爲其一方法。
衰退期
進入價格戰。由於激烈的削價競爭，考慮提升經營效率或評估轉換營運跑道時期。
(時間)
顧客
創新者
(innovator)
早期採用者
(early adopter)
晚期大衆階段
(late majority)
落後者
(laggard)

商品從進入消費市場到完全普及，這個過程可分爲四個階段。重點是要趁著熱潮時開展事業，在衰退期到來前轉向。

個機會。必須要有這種又靈活又柔軟身段與敏捷，才能抓住每個時代的變化、趁勢而起。

而在一時之間開得到處都是的奶茶店，現在只剩下貢茶與 Bull Pulu 等部分連鎖飲料店。

其他消失的奶茶店去了哪裡？有些店改賣炸雞、有些店改賣甜甜圈，有些店則改賣烤地瓜。

透過壓低初期成本在短時間內回收利潤，只要熱潮褪去就立刻撤出市場。

這些消失的奶茶店，其實就是依循這樣的原則，快速變身，創造新的收益。

1-2 爲什麼立飲店年輕的女性顧客比較多？

「打發時間」的生意

藤子不二雄Ⓐ的漫畫作品《黑色推銷員》（笑ゥせぇるすまん）當中有一句著名臺詞：「爲您填補心中空虛」；而也如同這句臺詞，這是一個主角喪黑福造滿足他遇見的人們、爲他們填補心中空虛的故事。

就社會變化來說，「空虛」可說是非常重要的關鍵字。隨著時代變遷，許多「空虛」應運而生，將其填補的需求也應運而生。與此呼應的產物就是立飲店。**人們在立飲店裡填補什麼樣的空虛呢？就是那些時間上的「空隙」**。近年來，社會文化產生極大的變化，隨著職場文化的改革進步，加班減少了，早早就回家的人也變多了。

但還是有些上班族不想那麼早回家。沒辦法待在公司，回家又沒事幹，爲了要打發這些多出來的時間，立飲店也隨之誕生。

立飲店大行其道與社會變化有關，另一個原因則是對ＴＰ值的追求。

「ＴＰ」值——就是 Time Performance 的縮寫，也就是對時間效能的追求，可以理解爲ＣＰ值（Cost Performance）的時間版。ＴＰ值在現今十分受到年輕人的重視，甚至可說是新的價值基準。二〇二二年時，「ＴＰ值」被三省堂選爲「年度新語」大賞。

重視ＴＰ值的人會有什麼樣的行動？首先，這些人看電視或電影都是使用倍數播放，聽音樂只聽副歌，新聞只看網站摘要好的內容。**可以說這樣的人不喜歡浪費時間，也希望更有效率地使用時間。**

時間短，所以好約

從這一點來看，立飲店可以很快地送上飲料與餐點，去之前也不用訂位。去那邊大概待個一、兩個小時，時間不長，對重視ＴＰ值的人來說是很棒的選擇。

此外，因爲不需要整晚都泡在那裡，所以約人去立飲店喝兩杯也比較不會被拒絕。對那些討厭在喝酒時交際的年輕人來說，他們會覺得「反正大概就是一個小時吧」，於是欣然赴約。

在短時間內滿足TP值的產業獲得發展

出處：< 次世代 >、< 朝日互動 >

重視TP值的人，就要這樣對他行銷

「TP值」就是Time Performance的縮寫，也就是對時間效能的追求。

重視TP值的人有什麼特徵

工作方面的特徵

- ☑ 比起面對面開會，更喜歡網路會議
- ☑ 喜歡參加線上研討會
- ☑ 重視任務管理（task management）

消費特徵

- ☑ 透過SNS收集資訊
- ☑ 喜好「劇透式（spoiler）」消費
- ☑ 實踐「標籤制（bill tagging）」或「類別化（bill tabbing）」支出

對重視TP值的人行銷的方法

活用短影音

抓住空下來的時間

從快商務（Quick Commerce）的角度思考

對忙碌的現代人來說，時間的價值非常重要。能夠提供耗時短、不浪費時間的娛樂，就是成功的關鍵。

「比較容易約到人」，這也是爲什麼許多女性消費者會選擇光顧立飲店。其實說到立飲店，原先其實是「女性很難踏進去」的餐廳代表。但是如果看看店裡，確實是有女性顧客光顧，就考量到讓女性消費者也可以輕鬆進入的店，提供紅酒或洋酒的歐風小酒館類型的立飲店也因此增加。

女性可以輕鬆進入立飲店消費還有一個理由，**就是可以從店外看到店內的樣子。**店裡有什麼樣的客人、什麼樣的店員，裝潢是怎麼樣的，可以在店外就看到，女性也因此可以安心進入店裡消費。

可以輕鬆地進行交流的地方

出處：Retty〈關於立飲店的問卷〉

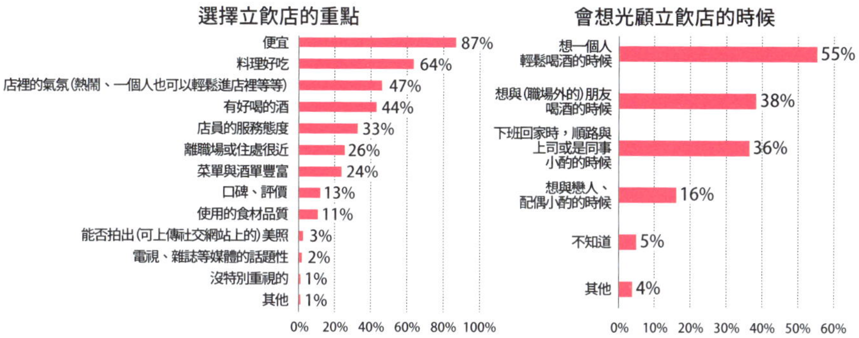
選擇立飲店的重點
便宜 87%
料理好吃 64%
店裡的氣氛（熱鬧、一個人也可以輕鬆進店裡等等） 47%
有好喝的酒 44%
店員的服務態度 33%
離職場或住處很近 26%
菜單與酒單豐富 24%
口碑、評價 13%
使用的食材品質 11%
能否拍出（可上傳社交網站上的）美照 3%
電視、雜誌等媒體的話題性 2%
沒特別重視的 1%
其他 1%
0% 20% 40% 60% 80% 100%
會想光顧立飲店的時候
想一個人輕鬆喝酒的時候 55%
想與（職場外的）朋友喝酒的時候 38%
下班回家時，順路與上司或是同事小酌的時候 36%
想與戀人、配偶小酌的時候 16%
不知道 5%
其他 4%
0% 10% 20% 30% 40% 50% 60%

現在，「便宜又好吃」是基本的；想在競爭激烈的餐飲界生存下來，差異化是必要的。

定食連鎖店大戶屋的做法則與立飲店完全不同。大戶屋通常開在地下室或是二樓，不太容易看到店裡是什麼樣子。此外，有些女性不喜歡被看到自己一個人進店，一個人用餐，或是被人認爲是不下廚的人。像大戶屋這樣從店外看不到店裡的設計，可以緩解這些女性的不安感。

立飲店的店面設計重點在從外面看得見，定食店的重點則是在從店外看不見，兩種店的做法大不相同。但讓女性能夠舒服地入店消費，則是這兩種店一致的目標。

改善「對話不足」的對策

由於新冠肺炎疫情的關係，遠端平臺工作與在家工作的人與狀況都變多了，同時也減輕通勤的負擔。然而，人與人之間面對面的溝通也因此而減少，大家都盡量節制與他人的接觸。在此同時，希望能與其他人共享同氛圍、對話的期待也與日俱增。

新冠肺炎疫情告一段落後，能夠與人相處、對話場域的需求抬頭，而立飲店如前所述，由於可以輕鬆地約朋友、同事前往消費，也可以與店員、與其他萍水相逢的客人交流，一邊小酌，一邊彼此交情也隨之升溫。

針對立飲店的消費者調查顯示，可知排名第一的動機是「想一個人輕鬆喝酒的時候就會來」（五五％），但第二名是「想與（職場外的）朋友喝酒」（三八％），第三名是「下班回家時，順路與上司或是同事小酌」（三六％）。

總而言之，立飲店可以說是滿足了那些渴望與人直接交流、對話的人的需求，填補了它們心中的空虛，因此也得以招攬大量顧客光臨。

1-3 爲什麼便利商店開始賣起日用品？

購物的方式改變了

「便利」是生意興隆的店家的共通點。提供便利的商品與服務，是顧客光顧超商的原因；也是市場上的需求。滿足此需求的成長代表，就是我們所熟知的便利商店。由於二十四小時營業，如果要急著買什麼，都可以馬上在超商內找到，滿足相關需求，甚至連肉與蔬菜都有販售。

近年來，便利超商的多功能性發展不斷，人們可以在便利商店提款，可以在便利商店寄送宅配。店如其名，不只功能性，便利商店的便利性也持續增加。

此外，過去比較常出現在量販店中的商品——諸如兩公升的水、衛生紙、面紙這類民生用品也變多了。而也因爲便利商店銷售品項的擴充，上班族與平時就忙碌的人便開始將便利商店當作超市使用。

爲什麼會出現這樣的社會變化？因爲職業女性變多了。一九九〇年代，妻子爲專業主婦的單薪家庭占比與雙薪家庭的占比發生逆轉。八〇年代以前，單薪家庭占比是雙薪家庭的兩倍。但二〇二二年時比例逆轉，雙薪家庭的占比是單薪主婦的兩倍。而若是把未婚女性都算進來，女性占勞動人口全體的近五成（四五%）。

職業女性很難在白天購物，因此需要開到晚上的店；透過調查資料，可知專業主婦大多在上午購物，與之相對的是，雙薪家庭裡的職業婦女，多半在下午三時到六時購物。

此外，工作也壓縮購物可以使用的時間。**因此如果一家店可以讓人只用最小限度的移動就能夠順利找到想要的商品（而且要便宜），不用在店裡繞來繞去的，那就再好不過了。結果就是更多人願意在超商消費，商店價值也獲得提升。**

「便利」變得更重要

如果我們回頭檢視便利商店的變遷與發展，可知第一家 7-11 開業於一九七四

雙薪家庭已多於妻子擔任專業主婦的單薪家庭

總務省〈勞動力調查〉

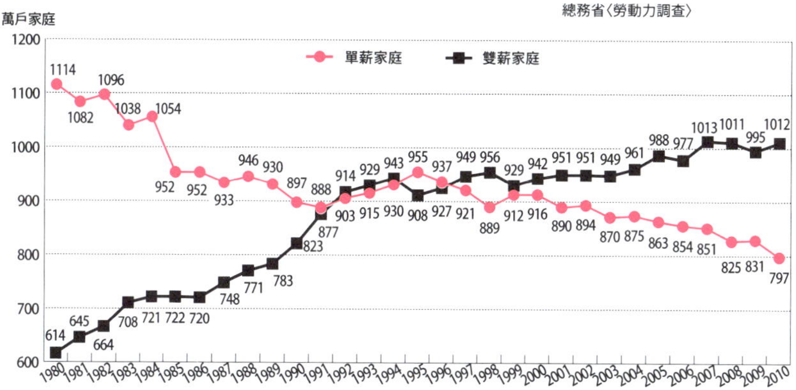

(註)

1 「單薪家庭」指丈夫非農林業從業人員，妻子無就業(非勞動力人口與完全失業者)家庭。

2 「雙薪家庭」指夫婦雙方都是非農林業從業人員的家庭。

資料出處：總務省〈勞動力調查特別調查〉〈勞動力調查〉，由國土安全省製

工作女性的比例

總務省〈勞動力調查〉

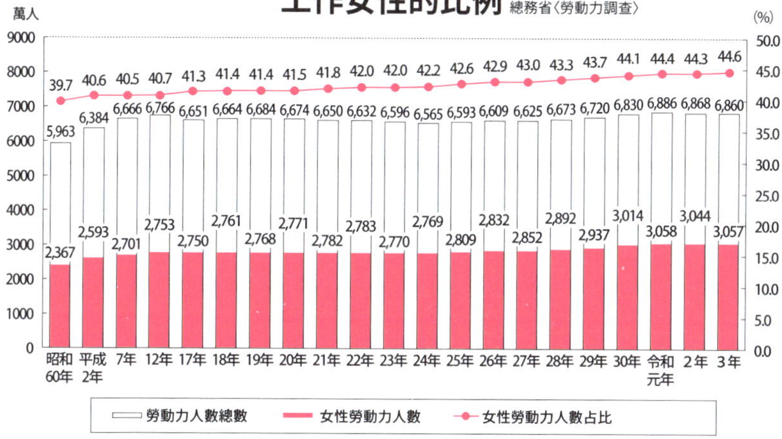

資料出處：總務省〈勞動力調查〉

隨著女性勞動的普及化，生活型態也隨之改變。
就勞工的角度來說，便利的商品與服務成爲需求。

年。當時使用的廣告詞是「有開眞是太好了！」透過這句廣告詞，這種晚上也開店的便利也更被凸顯。

爲什麼會有這樣的現象？因爲在上個世紀七〇年代時的日本，晚上是沒有地方可以買東西的；7-11 能夠快速成長，其關鍵可說是因爲便利商店剛好滿足夜晚購物的需求。

順帶一提，著名的零售商「唐吉訶德」也是因爲夜間購物需求而得以快速發展的經典範例。在唐吉訶德，人們幾乎可以買到所有可能需要的商品，不但售價便宜，而且在都市這種二十四小時幾乎都有人活動的生活型態下，唐吉訶德這類深夜營業的先驅也得以大幅成長。

回到便利商店的話題吧。在便利超商的數量大幅增加、幾乎隨處可見後，人們不再視夜間購物爲困擾，「有開眞是太好了！」這樣的感動也消褪不少。

也因爲這樣的變化，7-11 的廣告詞從「有開眞是太好了！」變成「又近又方便」。便利商店的價値，也從「晚上也有開，眞是太好了！」的店，變成「很近的便利商店」。

因爲便利，所以賣貴一點也沒關係

便利商店的強項是「便利」，在忙碌的人變多以後，這個強項也變得更有價值。那些用便利商店取代超市的人，以後不會只在便利商店買五百ＣＣ的水，而是連買在家裡放著的兩公升瓶裝水也會從便利商店購買吧。

便利商店的商品原則上多半以固定價格販售，消費者也知道，相較之下，在超市買當然便宜得多。

但是，便利商店晚上也有開、店的數量又比超市多，因此消費者還是會在超商買水，甚至是衛生紙或面紙。換句話說，**「便利」就是對抗「便宜」最有效的武器。**

日用品在銷售上很容易引發價格戰，而對那些製造日用品的企業來說，銷售現狀的改變可說是一個訊號。爲什麼日用品在銷售上容易引發價格戰呢？因爲品質上的差異確實沒有那麼明顯。在品質都差不多的情況下，製造商如果要吸引客人購買，就只能在價格上進行競爭。

然而，如果具備「便利」（可以很方便地購買）這個價值，價格高一點也可以順利銷售。

職業女性的購物頻率 出處：Research Plus

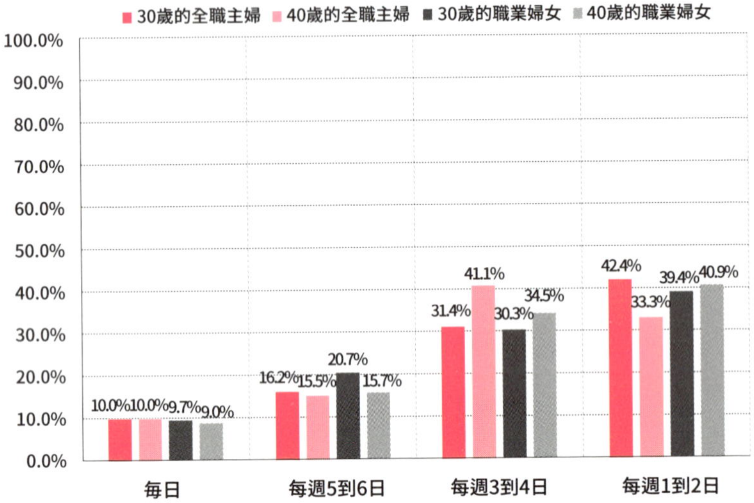
30歲的全職主婦 40歲的全職主婦 30歲的職業婦女 40歲的職業婦女
100.0%
90.0%
80.0%
70.0%
60.0%
50.0%
40.0%
30.0%
20.0%
10.0%
0.0%
10.0% 10.0% 9.7% 9.0%
16.2% 15.5% 20.7% 15.7%
31.4% 41.1% 30.3% 34.5%
42.4% 33.3% 39.4% 40.9%
每日
每週5到6日
每週3到4日
每週1到2日

購物時間的不同

	全職主婦		職業婦女	
	30歲	40歲	30歲	40歲
開店營業~12:00	56.0%	46.6%	27.7%	25.8%
12:00~15:00	20.9%	22.3%	19.4%	17.4%
15:00~18:00	16.2%	22.0%	38.7%	37.7%
18:00~21:00	5.8%	7.8%	14.2%	18.0%
21:00以後	1.1%	1.3%	0.0%	1.2%

工作與否導致人們的購物時間產生差異。便利的消費環境可以有效提升收益。

1-4 爲什麼拉麵店可以指定麵的硬度？

抓住客人的心，粉絲才會增加

現今的社會重視多樣性。而如何定義「多樣性」？就是「大家都不一樣，但大家都（覺得）很好」。

如果能夠提供個人喜好的商品或服務，就能夠有效提高消費者的滿意度。

舉例來說，星巴克提供不同的乳品、加多少也能夠隨顧客的想法增減，也就是完全可以客製化屬於自己的星巴克飲品。而咖哩連鎖店 CoCo 壱番屋不但讓顧客提供醬汁的辣度——從甘口到二〇辛（譯註：二〇辛是日本的 CoCo 壱番屋提供；臺灣的 CoCo 壱番屋則提供到一〇辛），連飯量都可以變更，也可以按喜好選喜歡的配菜。

拉麵店也會提供顧客可以自選食材、配菜的服務，也可以選豬背油要幾湯匙、麵條要多軟或多硬。不管是哪一種做法，都是對應多樣性大行其道下的需求。

然而，像這樣的客製化服務其實很花時間，而且利潤也不是太高。以拉麵爲例，配菜的煮蛋售價約一百日圓（約新臺幣二十元），利潤約五十日圓（約新臺幣十元），如果再扣掉人工、店租等其他成本，就幾乎沒什麼利潤了。對於拉麵店來說，與其在客製化上花時間拚這個利潤，還不如爭取翻桌率，讓更多客人光顧，才能有效增加業績。

但是也別忘記，**客製化服務能夠爭取到顧客認同，顧客滿意度也變高。**能夠打造自己喜歡的口味（店家願意提供這樣的服務）的拉麵店也能讓顧客更願意回訪，最後成爲能夠持續光顧的粉絲。

與競爭對手的差異化

客製化的追求也可以打造與競爭對手之間的差異化。例如最近也出現了提供不含麩質或純素食的店。

而這就是所謂的「食物多樣性」（Food Diversity）。餐廳透過細密的客製化服務拓展客群，也藉此打造自己的特色。

換言之，對應多樣性的需求，就是一種擺脫大量生產、大量消費的模式。與物資不足的時代不同，現今，人們可以用便宜的價格拿到好東西。而在習慣這樣的環境後，消費者也不再滿足於大量生產、千篇一律的商品。物美價廉的商品依舊廣受喜愛，但有些消費者也確實轉向價高、品質更好的商品。此外，不只是物品的品質，有的消費者甚至連製造或生產環境都很介意。

客製化是因應這類需求的絕佳手段。相對於大量生產、大量消費，商業經營上**會更加著墨於深入掌握個人喜好的個人化行銷（Personal Marketing，也稱一對一行銷）**。

從大量生產的時代到個別對應的時代

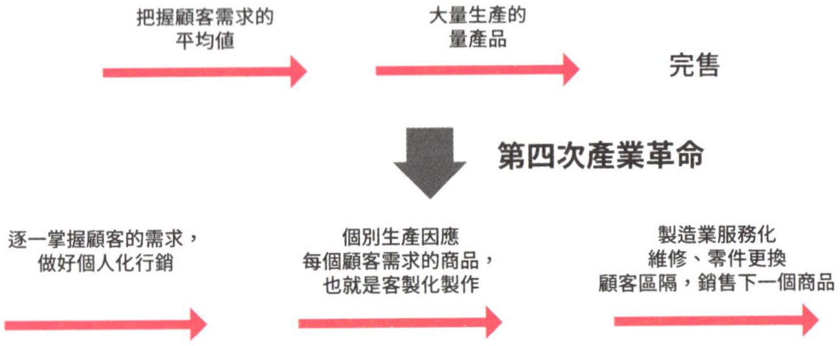
把握顧客需求的
平均值
大量生產的
量產品
完售
第四次產業革命
逐一掌握顧客的需求，
做好個人化行銷
個別生產因應
每個顧客需求的商品，
也就是客製化製作
製造業服務化
維修、零件更換
顧客區隔，銷售下一個商品

大量生產、大量消費的時代，不特別進行客製化的一般商品就可以賣得很好。而現今則追求製作符合個人需求的商品

出處：〈製造業的客製化與服務化〉（經濟產業研究所）

商品本身的三種價值

進一步深入探究，可發現商品或服務具備三種價值。

第一種，是能夠爲使用者做什麼事的「**功能價值**」。

智慧型手機，就是功能價值很高的商品。而對於上班族來說，好吃便宜的牛丼以及漢堡也是功能價值很高的商品。能滿足許多服務需求的便利商店，其功能價值當然更不容小覷。

第二種，則是引發使用者情緒的「**情緒價值**」。

例如，氣氛與接待態度都很棒的高

提高滿足度價值的金字塔

品牌爲消費者在生活上提供的三個價值

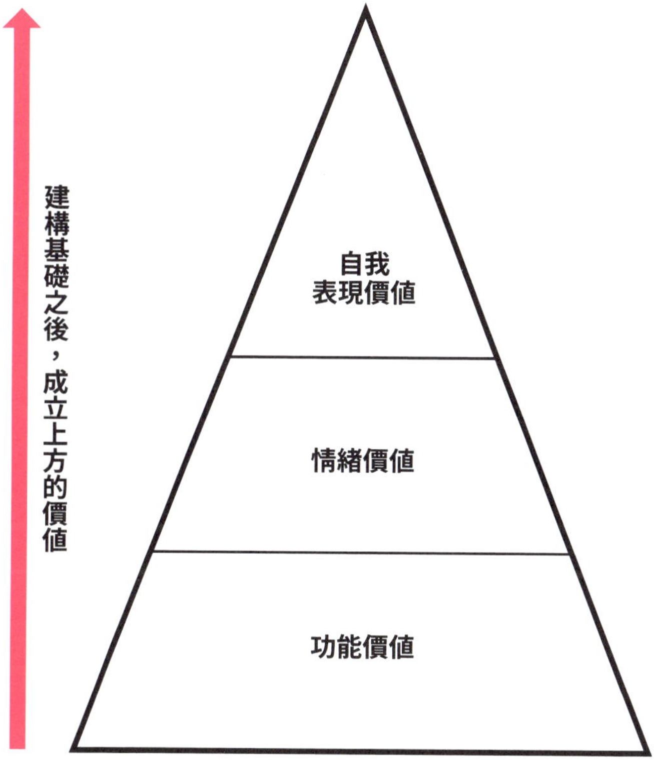
建構基礎之後，成立上方的價值
自我
表現價值
情緒價值
功能價值

在幾乎所有商品都能買到手的現在，只考慮功能價值（便宜、便利與美味等等）已無法與其他品牌之間做出明顯的差異。目前需要的是尋求能夠滿足感情感受的商品。

級餐廳，不會只在味道上滿足顧客，而是在感情上也能夠高度滿足顧客，可說提供了滿滿的情緒價值。迪士尼樂園也是情緒價值很高的代表之一。

第三種是是否合乎消費者的各種價值觀，也就是「**自我表現的價值**」。客製化（customization）與個人化行銷（personal marketing）在這部分占有舉足輕重的地位。

而前面提到的，商品從大量製造與銷售（mass production）的模式，轉移到個人行銷的過程，原因就在商品已全面普及，而且市場上也充滿功能價值、情緒價值都很高的商品服務。

因此，能夠提供新價值、能夠提供高度自我表現價值的客製化服務、或提供這類服務的店，就會大受歡迎。

提供這類客製化服務拉麵店就是透過這個方法提升業績。其他業種也可以應用類似的方法，在這個多樣性時代，找出更多商機。

1-5 爲什麼精品租賃會流行起來？

從擁有到利用

「斷捨離」這個詞彙在二〇一〇年時代廣爲流行，不僅在這一年被提名爲流行語，以不增加東西的簡約生活模式也被大量討論。近年來，甚至是以必要物件爲最低限度的生活極簡主義，也成爲被關注的焦點。

回顧大量生產、大量消費的時代，這樣的轉變可說是極大的社會變化。而提供精品租賃的服務，可說是捕捉到這個趨勢的新興事業。

在過去，「擁有名牌」這件事本身就是一種價值。九〇年代前後的泡沫經濟就是一個淺顯易懂的例子，當時穿戴在身上的物品可以表現出人的價值，而買得起高級精品也是與其他人差別化的一個重要特徵。

另一方面，「租賃」本就不是「擁有」一項物品。名牌精品的租賃服務象徵也是

一個「從擁有到利用」的概念轉換。

而**這樣的服務流行起來，同時也代表著購買、擁有的需求變低。**高檔車的租賃服務變得普及也是因爲同樣的理由。

發現租比較輕鬆

這裡的重點：人們並不是不再憧憬名牌。能夠持有名牌貨的滿足感與被認同的感覺，直至今日也還是許多人追求的目標。

消費者追求是拿著名牌包的眞實感覺，而不是「成爲名牌包的主人」。眞的買一個要很花錢，空間有限的家裡也沒地方放，包包還要送去保養清潔；如果是車，也還是得送去保養才行。

另一方面，以租賃代替購買不但可以省下金錢，也可以省去保養的麻煩。

雖然租金也不便宜，但是考慮到差額，租賃或共享還比較輕鬆。雖說有點任性，但這樣的欲求並非不合理；而能夠滿足這個需求的，就是精品的租賃了。

比起「擁有」，「使用」的滿足感更重要

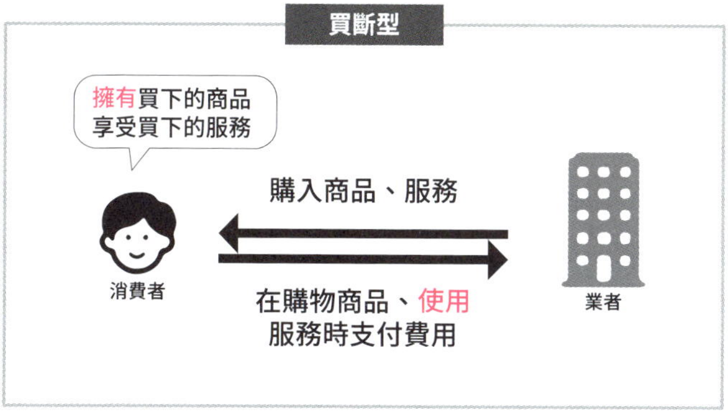
買斷型
擁有買下的商品
享受買下的服務
購入商品、服務
消費者
在購物商品、使用
服務時支付費用
業者

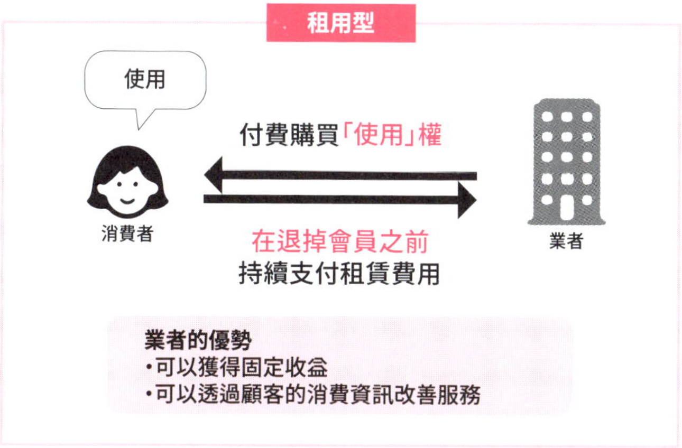
租用型
使用
付費購買「使用」權
消費者
在退掉會員之前
持續支付租賃費用
業者
業者的優勢
•可以獲得固定收益
•可以透過顧客的消費資訊改善服務

以使用爲前提的這種新型態產業（提供租賃）普及後，消費者能夠感覺到不實際擁有時，可以免除各種壓力的感覺。不需要騰出地方放、花費也減少了，偏好這類消費形式的消費者也增加了。

出處：SB 支付服務「訂閱制模式」是什麼？「訂閱制」與「直接銷售」的差異及案例

爲什麼精品的租賃會流行起來？這就要提到分享經濟的普及。

分享經濟，或是以分享經濟爲主軸的各項運作，在忌諱與他人接觸的預防新冠肺炎期間得以普及與成長。其中的最關鍵的一點，就是保持距離的這項防疫措施。

由於分享汽車、分享住居或會議室的狀況增加，人們也開始有更多機會體會爲什麼用租的比用買的好，也更合理。

特別是時尚流行，要追求最新潮的流行是很花錢的，經濟負擔相對較大。

考慮到這一點，**去租用現在正流行的時尚單品也是合理的。而也因爲這種分享經濟確實是相當普及了，所以很多人也覺得「租來用比較好」。**

「感覺」的商機無限

過去的商業行爲，大多以買賣爲前提。但時至今日，當前的趨勢則是「租賃」，透過類似訂閱制（Subscription）的機制，人們只在有需要時租借，滿足當下的需求即可。比起花一大筆錢去買、騰出空間放，還要花時間保養，租借顯然更輕鬆。

租賃服務比較容易得到安定的收益

銷售「物件」

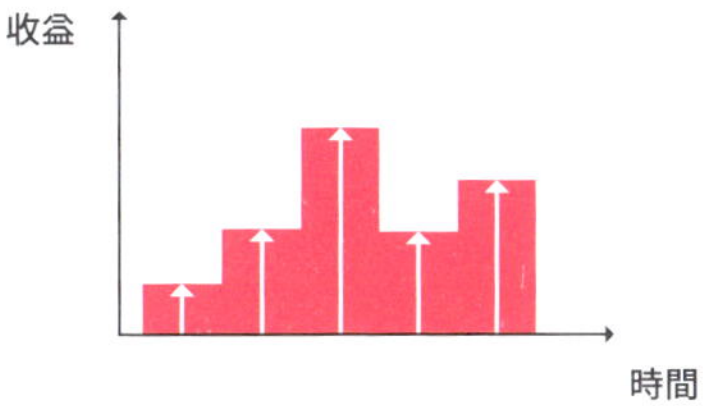

收益
時間

■單價×數量
■銷售是在賣出的瞬間盡量賣出最高的價格，買得愈多、賺得愈多

無法預測誰會在什麼時間點購入多少錢、什麼樣的物件

租賃服務

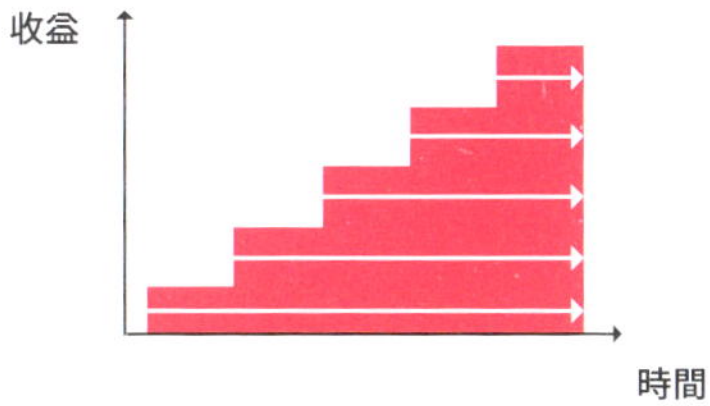

收益
時間

■契約數×單價×合約期限
■只要不解約，就能定期獲利，收益也會持續累積；再加上新客戶的定期收益

收益的可預見性高，也可期待收益以倍速增加

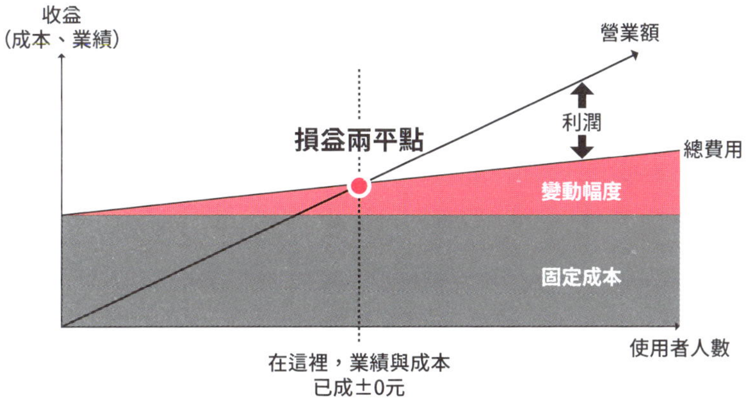

收益
（成本、業績）
營業額
利潤
損益兩平點
總費用
變動幅度
固定成本
使用者人數
在這裡，業績與成本
已成±0元

以銷售爲前提的銷售模式，收益容易大起大落；而定期收取定額租金型態的銷售模式，相對較容易穩定獲利。特徵是在過損益兩平點後，利潤才將得以延續。

而滿足需求的租賃業者也有其獨特優勢。雖然從收益來看，直接銷售的收益要比租賃好，但透過持續出租，也有效於增加微量的收益。

直接銷售的利潤轉變爲透過租賃轉變爲中長期的收益，收益變得容易也更加穩定。

此外，名牌精品的所有者通常使用頻率較低。「雖然有，但很少拿出來用的人」比比皆是。而向這樣的所有者收購名牌精品、並用以租賃方式借給其他客人，還能夠降低購入成本。然而，這種模式應該也適用於高檔商品以外的商品業者。

若是直接銷售，收益就不會有存續性。然而，若是以租賃的方式進行交易，那麼銷售的就不是商品本身，而是使用商品的體驗。

將可以產生收益的商品做爲資本來持有，銷售商品的感覺價值（滿足感、優越感、充足感）——這才是消費者眞正想要「購入」的重點。

1-6 爲什麼存在價值明確的企業會成功？

企業的存在價值被打上問號

「目的」（purpose）的其中一個意思是表示「存在的意義」，企業的「目的」即是企業的「存在意義」。近年來，主張應明確傳達企業存在意義的經營管理法逐漸受到重視。

在過去，企業只要能夠在消費者、客戶、員工幾個角度都做到合理獲利就合格了。根據東京商工調查（公司）的數據，日本國內有六成以上的企業在財報上落入赤字，因此光是能夠確實獲利的企業就足以取得不錯的評價。

然而，時至今日，光是追求獲利是遠遠不夠的。

企業使用社會的基礎建設產生收益。在這個過程當中，或許會對環境造成負擔。如果企業運作只是對環境帶來負擔，那麼這樣的企業或許會被視爲不必要存在的企

業也說不定。考慮到這一點，重新省視企業存在意義的做法逐漸抬頭。企業的「目的」——也就是存在意義，可以透過在人、地域、社會、環境與未來這個大型架構中，展現自身企業能夠提供什麼樣的貢獻來證明。

這樣的訊息會被傳達給企業內部與外界。透過這樣的做法，企業本身會被社會認同，並且被視為是「有存在價值的公司」，這也是企業與事業得以成長的重要關鍵。

對社會的「價值」非常重要

這個轉變過程中最重要的是，企業開始關心社會大眾對自己的評價。

與企業「目的」相關的還有企業理念與經營理念，這是企業對想做的事、對成爲什麼樣的企業的一種表態。社會大衆要怎麼樣看待一個企業？取決於企業如何看待自己、傳達出什麼樣的訊息，也就是說，企業本身才是關鍵。

另一方面，**「企業目的」也是對企業的提問：將對社會產生什麼樣的價值？**例如，對區域經濟發展帶來貢獻？又或者是新的技術能使未來的生活更便利？如果是被賦予這種期待的企業，就能獲得（該）地區與社會支持。

支持者愈多，商品與服務也就更容易被銷售。「一起把我們的家變得更好」、「一起打造更美好的未來」，隨著能產生共感的客戶、合作夥伴、職員增加，企業本身的發展也會更上一層樓。

「企業目的」就是一個觸發點、一個重要的關鍵，所以確立存在意義，傳遞給每個人知道——這是很重要的事。

使企業的存在意義具體化

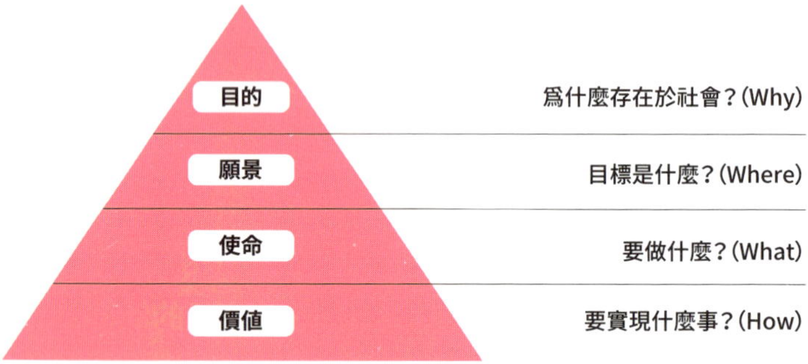
目的
爲什麼存在於社會？(Why)
願景
目標是什麼？(Where)
使命
要做什麼？(What)
價值
要實現什麼事？(How)

對社會來說，有存在價值的企業，才有支持的必要。而透過確立企業目的，可以使企業本身的存在價值更明確，可說是企業經營的一大重點。

作爲資產，「人」的價值變高了

所謂的「企業目的」，是向外發出訊號，讓消費者變成企業的夥伴。然而，就算目的中包含崇高的理念或價值觀，若不考慮到現況就沒有意義了。而與這個「現況」有著千絲萬縷關係的，就是經營者與員工。

以這個角度思考，「企業目的」也可以說是對內發出訊號，**就企業而言，首先要理解企業本身的存在意義——這是非常重要的。**

對企業來說，好的員工是什麼呢？是能夠理解企業目的，能夠對企業的存在意義價值產生共感的夥伴。

員工愈是能夠對企業本身的存在價值產

從外部思考企業價值

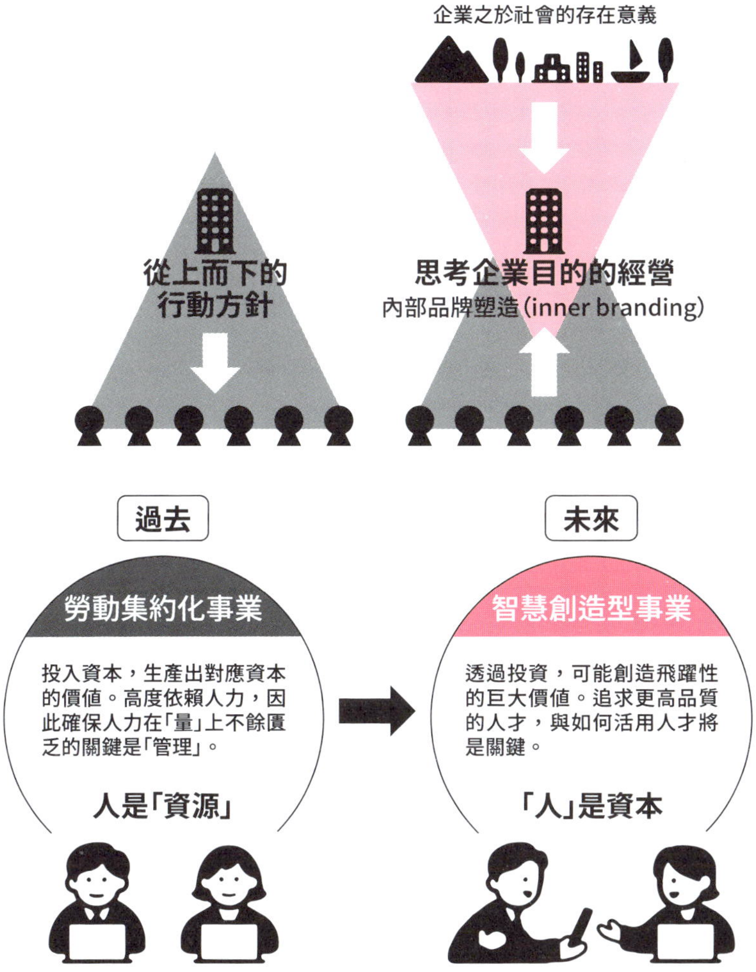
企業之於社會的存在意義
從上而下的
行動方針
思考企業目的的經營
內部品牌塑造(inner branding)
過去
未來
勞動集約化事業
投入資本，生產出對應資本的價值。高度依賴人力，因此確保人力在「量」上不餘匱乏的關鍵是「管理」。
人是「資源」
智慧創造型事業
透過投資，可能創造飛躍性的巨大價值。追求更高品質的人才，與如何活用人才將是關鍵。
「人」是資本

對於企業的存在價值愈是存有共感，企業內、外的支持者就會愈來愈多。企業內部可以透過認同共同的企業價值，一起朝著同樣的目的邁進。對這些員工的投資，可以讓「人」成爲企業的重要資本。

生共感，就愈是能夠團結一致，能夠感覺到工作的價值，離職率也會下降。也比較不會發生職場（權勢）霸凌、性騷擾、盜領公款、打工恐怖分子（譯註：指利用企業場所或器材惡作劇，並上傳取樂的打工人員。）這類問題。

若經營者可以理解「爲了社會」、「爲了未來」這樣的企業目的，就不會只管追求眼前的利益，而是會追求成爲在社會上被認可的企業。

若是從稅務的角度看，企業使用「金錢」這個資本營運事業，如果使用金錢的方式正確，當然企業就能夠順利獲利。

此外，近年來，就企業經營來說，「人」也被認爲是企業的重要資本。去思考如何經營「人」這個資本，帶出、延伸「人」的價值，因而得以成長的企業也增加了。

關於「人」，由於在財務報表中是被看作「成本」（人事費用），因此也不被算入「資產」中。「本公司有非常愛這個地區的員工！」、「本公司有熱心於解決環保問題的員工！」這樣的資料，不會見載於財務報表中的非財務情報。但也就是這些員工會讓企業成長、讓企業產出新的價值。要讓這個力量發揮到最大值，企業的存在價值完全是必要的，而且員工愈是能夠理解、認同，就愈是能夠使企業得以成長。

1-7 SDGs如何與「經營」產生關聯？

更關心社會議題

對於重視社會貢獻、社會價值的企業來說，現在可說是最棒的時代。

就環境而言，由於網際網路已經完全成熟，使用網際網路變成一種日常。在這樣的商業環境下，企業幾乎可以透過網際網路取得所有可取得的情報。

透過網際網路，企業可以知悉其他企業如何運作、取得具體如何運作的方法。除了得到情報，企業也可以對全世界發聲，全世界知道自身正在進行的活動。可以說，現代企業越發關心國內的社會議題、甚至是世界性的各項議題。世界性的議題可以是環境、貧窮、人權、糧食問題；國內的問題可以是人口減少、少子化、高齡化與地域貧富差距。雖然規模與領域各不相同，但是這些議題或者在日常生活中透過新聞傳達給每個人知道；在日常的生活與工作當中，像是勞動力不足、氣候異常這類議題，也能確實地感

受到。

因此，**對世界有所幫助的工作崗位，愈能受到大家的關注；愈是熱衷於這些事情的企業，也就更容易獲得社會上的認可與支持。**

ＳＤＧｓ為社會貢獻提供線索

這類良善的社會貢獻分散在各種領域。以社會高度關注的層面來說，ＳＤＧｓ（譯註：即聯合國永續發展目標，涵括經濟、環保教育等被重視的議題。）列舉的社會議題就有積極投入的價值。

譬如製造業，有愈來愈多企業投入致力於咖啡豆與可可豆的公平交易議題。製作「雷神巧克力」的有樂製菓就是這樣的企業。有樂製菓將可可果這項原料，換成沒有使用童工疑慮的可可果，這就是ＳＤＧｓ的第十項目標「減少國內及國家間不平等」，因為有樂製菓投入的心力，所以企業本身與雷神巧克力的支持者都增加了。

服務業的話，ＡＮＡ集團則是致力於僱用身障者，集團內也推動相關企畫，與

有社會責任的企業能夠長久營運

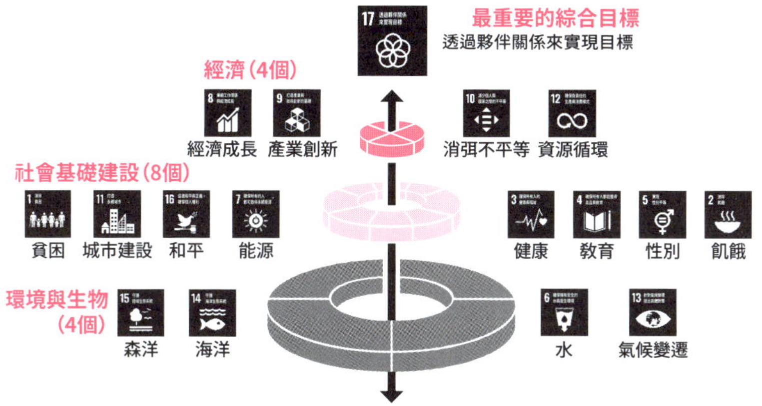

最重要的綜合目標
透過夥伴關係來實現目標
經濟（4個）
經濟成長
產業創新
消弭不平等
資源循環
社會基礎建設（8個）
貧困
城市建設
和平
能源
健康
教育
性別
飢餓
環境與生物
（4個）
森洋
海洋
水
氣候變遷

企業正努力解決大大小小的社會議題。SDGs的17項目標，是訂立「企業目的」的重要線索。

SDGs的第八項目標符合——「促進包容且永續的經濟成長，達到全面且有生產力的就業，讓每一個人都有一份好工作」。

此外，女性勞工的權益與在職場上的活躍也是相當重要的議題（SDGs的第五項目標「實現性別平等，並賦予婦女權力」），舉例來說，日本的可口可樂公司就以將女性管理值比例提升到二〇%作爲目標。

這些只是眾多範例中的幾個例子，其他還有許多企業爲社會議題提出貢獻。如果不知道要投入什麼課題，可以回頭檢視SDGs的十七個目標，調查類似產業類型的公司都在哪一些目標作出貢獻，就可以找到可投入的標的。

找到企業可以投入的課題

或許有些中小企業的經營者，會認爲社會責任是大企業才需要考慮的事。

確實，大企業不管是人手或是經費都比較有餘裕，可說掌握更多可以解決議題癥結的技術與know-how。然而，像是SDGs的第一項目標「貧窮」，或是第二項目標「飢餓」，遑論大企業，還得是大國涉入才行。

但**若深入社會議題的細節，其實中小企業所擁有的技術也有助於改善。**此外，與大企業相較，中小企業與地區的關聯性較強，譬如地區經濟發展與性別平等議題，中小企業就比較容易著手實踐。

社會議題涵蓋各式各樣的領域，要全部參與是不可能的。也沒有必要全方位干涉。如果去探究自己所屬的企業體、所擁有的技術、know-how等與哪些社會議題之

看見企業的全貌、提高企業的價值

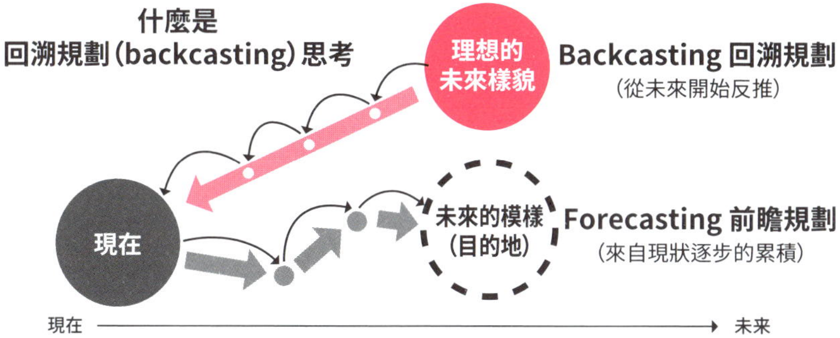
什麼是
回溯規劃(backcasting)思考
理想的
未來樣貌
Backcasting 回溯規劃
(從未來開始反推)
現在
未來的模樣
(目的地)
Forecasting 前瞻規劃
(來自現狀逐步的累積)
現在
未來

關係圖

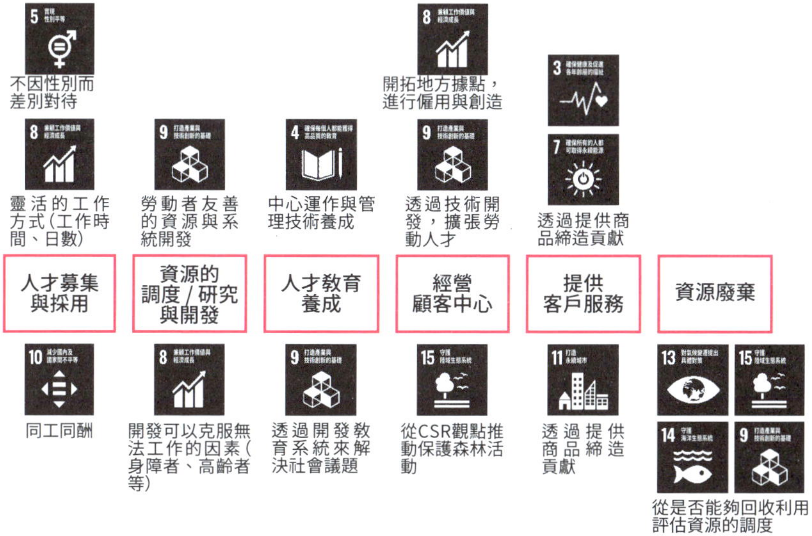
不因性別而
差別對待
開拓地方據點，
進行僱用與創造
靈活的工作方式(工作時間、日數)
勞動者友善的資源與系統開發
中心運作與管理技術養成
透過技術開發，擴張勞動人才
透過提供商品締造貢獻
人才募集
與採用
資源的
調度/研究
與開發
人才教育
養成
經營
顧客中心
提供
客戶服務
資源廢棄
同工同酬
開發可以克服無法工作的因素(身障者、高齡者等)
透過開發教育系統來解決社會議題
從CSR觀點推動保護森林活動
透過提供商品締造貢獻
從是否能夠回收利用評估資源的調度

要達成願景，企業不能只是因循苟且，而是要從願景回推。這非常重要，因為預想願景達成的未來，可以讓企業看見擁有改善需求的事物。

間存在什麼樣的聯繫，就可以找到可能夠投入的議題。譬如：物流產業可以思考如何減少碳足跡（二氧化碳），餐飲業可以思考如何減少食物浪費。

最重要的是，**就算只是一個環節，但企業還是應該思考如何加入、做出貢獻，即使只加入其中一個環節，也可以向企業內外發聲，企業的評價也能因此提升。**

選擇夥伴的基準改變了

如何參與社會議題，與如何守護與所屬的企業與事業相關。

過去不管是下訂單，或是訂購某項服務，企業列入評估的大多是工作的品質、成本、交期（QCD）等基準。

但現在——甚至是未來，除了上述要件外，還需要加上ESG（環境保護、社會責任、公司治理）與經營上是否穩定。換句話說，即使成本再怎麼便宜廉價，若是員工的工作環境惡劣、且對勞動等相關規範不甚在意的企業，日後很可能很難再拿到訂單。

舉例來說，若是掌握訂單的大企業本身就很重視環境問題，那麼毫不介意二氧化碳排放的公司就不太可能拿到訂單。相反地，願意投入環保的公司很可能就會是受益者。

總之，我們身處的這個時代，是一個比過去更關心各種社會議題的時代。未來各種供應鏈會重新洗牌，洗牌的基準是企業本身要如何把社會責任放進自己的企業理念當中。

專欄 1

稅理士逃兵成為稅理士的原因

我成爲稅理士的契機，是被雙親洗腦。我父親曾經營一家稅理士事務所，我在小學二年級時，有一次與雙親、姊姊四個人一起外出用餐。這時，我的母親對我這樣說。

「由一可以吃到這麼好吃的餐點，都是因爲爸爸是稅理士，所以由一也要成爲稅理士喔！」

因爲媽媽的這一番話，所以我就認定了「要吃到這些東西，就一定得要成爲稅理士才行」，但那時候，我其實連稅理士是什麼都不知道。

一直到今天，我都還記得那時候的場景。我生長在三重縣鈴鹿市，而這家中華料理店「破天荒」就位於我家附近。每次去那裡，我都會點「天津飯」吃。我很喜歡雞蛋料理，所以天津飯也是我最喜愛的料理之一。小學二年級時，我還不知道一

份天津飯價值多少就已經深信：如果我長大後還想繼續吃這個天津飯，就要像媽媽說的，一定得成爲稅理士才行。

然而，這個信念在我讀到小學高年級時便逐漸開始動搖。我發現，雖然我不知道稅理士到底是什麼樣的職業，但就算我不當稅理士，還是可以吃到天津飯啊。

那時的我還有一個夢想，那就是成爲職業足球選手。小學的畢業文集（譯註：日本教育文化的傳統習俗）中，我也寫了我未來的夢想是「成爲職業足球選手」。我雖然沒有寫我要成爲稅理士，但小時候被灌輸的想法，還是留在我的腦海中，無法忘記。於是我想，假設眞的沒辦法成爲職業足球選手的話，那就去當稅理士好了。

……在高中時，我放棄成爲職業足球選手的夢想，因此，未來就剩下成爲稅理士一途。但是高中生還是不知道稅理士是什麼樣的職業，當然也不知道取得稅理士的執照有多麼困難。

那時，我嘴上說著要成爲稅理士，但一直到升高中都沒在讀書，在班上完全是吊車尾，甚至連大學都考不上。所以最後就只能去讀那種寫上名字跟住址就可以去的學校，那是某一所簿記的專門學校。但那時，我甚至連那種專門學校都念不下去，直接就輟學了。

像我父親那種高學歷的人，從來沒想過兒子會連這種學校都沒辦法念到畢業。我擅自從專門學校退學後與父親大吵一架，我對父親大吼「我不可能當什麼稅理士啦！」但是一直到二十歲時，我一心只覺得自己會去當稅理士，一下子也沒辦法去想其他的出路。最後我才終於覺悟，自己只剩下稅理士這條路可以走了。

所以從二十歲開始，我史無前例地卯起來用功，學了過去從來沒有碰過的東西。連高學歷的人都考不到的執照，想要勝出，我必須要付出三倍的努力。於是，我的二字頭歲月全以讀書爲中心，目標只有把稅理士執照考下來。

因此，我在二十九歲那年成爲稅理士。當時的數據顯示，二十幾歲的稅理士，大概只占全體稅理士的〇．六%，像我這種吊車尾的傢伙可以考上，的確是相當的努力。所以一直到現在，我還是常常去吃我喜歡的天津飯。

四十年前，媽媽告訴我的話都是眞的。我很感謝那時就開始對著我洗腦的媽媽。

2

沒人逛的店變成排隊名店的集客技巧

Bar
嗯～
這個雞尾酒
好好喝喔
雖然第一次進來這家店，但氣氛好好喔！
MOO~DY～
還有優惠
趕快來按讚
吧！
官方帳號
打卡按讚
就送一杯
飲料！
……但是都做到這樣了，
還是沒有什麼客人耶，
經營上真的沒問題嗎？
一瞥…
有什麼
擔心的事嗎？
くるっ
!?
菅原先生!?

我跟這邊的媽媽桑很熟，偶爾會過來幫忙。
今天過來當酒保，所以頭髮都往後梳了♪
這樣啊
其實啊，我在想，這邊客人那麼少，營運真的沒問題嗎……
小聲…
沒問題唷！
像這樣的小酒館，其實也凝聚了很多經營訣竅喔！
じ——っ
吵死了…
啊，
抱歉

2-1 遠離鬧區的小酒館怎麼賺到錢？

開店與營業的成本都很低

如果期望店面可以變成那種能持續吸引客人與收益又很穩定的永續型店家，或許可以參考小酒館的經營方式。

小酒館是提供飲酒的店，這一點與居酒屋一樣。但小酒館裡通常有被稱爲媽媽桑或是小媽媽桑的女性在招待客人，感覺起來似乎與有坐檯小姐的酒店或是Girl's bar有共通之處。這些小酒館基本上具備幾個獨有的特色，透過活用這些特徵，打造自己與上述業種的差異性。

如果從規模來看，小酒館所需要的室內坪數比居酒屋或是酒店都小。此外，居酒屋與酒店通常開在繁華的鬧區，小酒館通常開在離鬧區有一段距離、不太熱鬧的地方，甚至也有店面開在住宅區邊角。

這個差異，**讓小酒館的開店成本，以及房租等營運成本都便宜得多**。此外，因爲店裡的營運成本幾乎都是固定的，整體上來說經營小酒館不太需要花什麼大錢，因此也更能夠達到永續經營的目標。

一對多，人事費也便宜

從行業型態來看，小酒館在成本上也有自己的優勢。與居酒屋相較，居酒屋的菜單豐富，但豐富菜單就會拉高成本。

另一方面，小酒館的原型是所謂的 Snack bar，語源上可看出提供的就是 Snack（輕食點心），菜單較爲受限，但成本當然也降低許多。

有坐檯小姐的酒店，成本就很高了。這類俱樂部需要找女性工作人員坐在客人旁邊，以幾乎一對一的型態接待客人，因此人事成本就高得多。另外，店裡也得裝潢得美輪美奐，這樣就又要再付出成本。

另一方面，小酒館大多是客人與媽媽桑或小媽媽桑隔著吧檯聊天，**1對N（複數）形式的店很多，因此人事費很低；營運成本降低時，店內定價也會跟著下降。**

另外，因爲在小而雅致的店喝酒會比較舒服，也可以就近與媽媽桑聊天。對客人來說，小酒館不但便宜，又可以安心地喝酒，因此成爲常客。這也是與其他業種的餐飲店不同的地方。

如果要再深入探討細節，像是酒店與俱樂部這種要接待客人的風俗店，與只是隔著櫃檯與客人聊天、深夜提供飲酒的飲食店，營業許可證也都是完全不同的。

不過，有時小酒館也會以與客人一起坐在桌邊唱歌的這類風俗店的形式經營。

狡兔三窟，人也需要一個逃避壓力的樹洞

如果稍微深入挖掘一下客人的需求，就可以發現小酒館可說是客人的「第三場所」(Third place)。

所謂的「第三場所」，就是可以讓人感覺舒適，讓人可以從壓力、重負、責任感解放的地方。

第一場所（First place）是「家」，第二場所（Second place）是職場或學校，許多人的日常就在這兩個地方之間來來去去。但只是這樣，其實很容易會讓人感覺喘不過氣來，所以需要一個「第三場所」來暫時避一避。

提出「第三場所」這個概念的，是美國的社會學家雷・歐登伯格（Ray Oldenburg），他認爲，生活在現代社會的人們，如果人們能夠擁有自己的「第三場所」，人生的滿足度將能有效提高。

下班回家的路上可以繞過去，花費不會太多，又可以放鬆身心的小酒館，可說完美契合第三場所的條件。

小酒館（餐飲店）的成本

- 成本
  - 固定費用
    - 地租或月租：裝潢轉讓費（購入帶裝潢的店面時初期支費的費用）之貸款、租金／銷售分潤月租、管理費／共同維護費
    - 保險：商業火災保險、賠償保險
    - 上述以外：設備租金、利息支付、網路費／水電費等固定基本費、卡拉OK
    - 人事費：員工、兼職人員
    - 水電費：瓦斯費、電費、水費
    - 稅金：固定資產稅
    - 其他：修繕費、廣告行銷費用
  - 變動費用
    - 進貨費：餐食、飲料

成本愈低，利潤愈高。小酒館本身就不太需要高成本，維持費用也很便宜，所以可以輕鬆地穩定經營。

第三場所的重點就是要放鬆，能夠放鬆就最好。家裡與職場都要打理整齊清潔，但是第三場所稍微亂一點也沒關係。畢竟，比起環境是不是雜亂，能夠擺脫緊繃感才是最重要的。稍微有一點髒也沒關係，地方有點小也沒關係。比起有美貌坐檯小姐的酒店通常花費高昂，又會讓人感到緊張；在小酒館，則確實可以放鬆地喝兩杯沒問題。這個特點，也確實能夠滿足第三場所的需求，那種放鬆的氛圍，是吸引回頭客的亮點，讓人充好電、準備好迎接明日的挑戰。

讓人感覺舒服的第三場所

第一場所

最隱私、也花費。最多時間的場所

自宅

第二場所

進行經濟、學習活動，讓生活得以持續的場所。

職場、學校

第三場所

不受責任或義務約束的，讓人感覺舒服、放鬆的場所。

咖啡廳、或共享空間等等

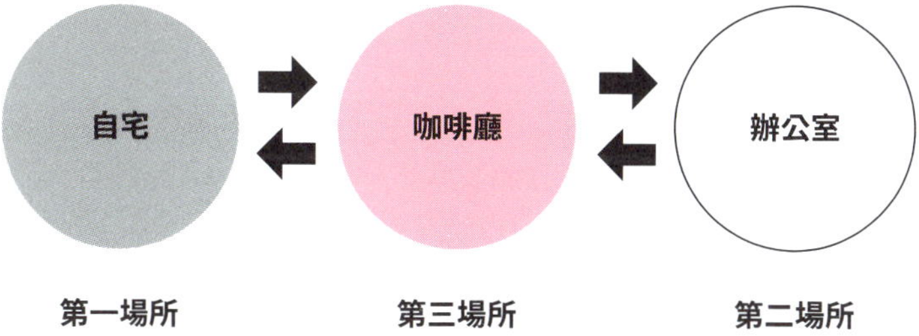
自宅
咖啡廳
辦公室
第一場所
第三場所
第二場所

在往來於家與職場的日常生活中，第三場所是一個可以擺脫壓力、且能夠讓人安心的珍貴場所。好好舒緩、放鬆後，就能夠重新迎向新的挑戰。

2-2 成功企業爲什麼在網路廣告上很用心？

大衆媒體的影響力日趨衰弱

廣告的效果與觀看人數成比例。從這一點來看，十幾歲到二十幾歲這個世代的年輕人，花在網路上的時間要比看電視的時間要長得多。二〇〇〇年時，報紙的發行數量超過五千萬份，但到了二〇二三年時，報紙的發行數量雪崩至三千萬份。

透過這個數字，可知**隨著大衆媒體的式微，大衆媒體廣告的影響力與能夠達到的效果，也相對弱化很多。**

對企業來說，創造與消費者的接觸點（touch point）是非常重要的，如果大衆媒體的廣告效果下降，就必須要找下一個替代媒體進行行銷。而**承接這些資源的，就是網路廣告。**

情報來源已經從電視轉換到網路

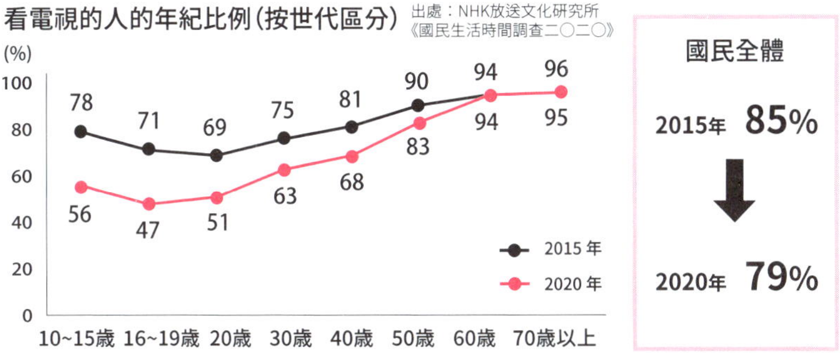
看電視的人的年紀比例（按世代區分）
出處：NHK放送文化研究所
《國民生活時間調查二〇二〇》
(%)
100
80
60
40
20
0
78
71
69
75
81
90
94
96
56
47
51
63
68
83
94
95
2015 年
2020 年
10~15歲
16~19歲
20歲
30歲
40歲
50歲
60歲
70歲以上
國民全體
2015年 85%
2020年 79%

隨著看電視的人減少，電視的影響力也日趨下降。高齡者的收視率雖然還是很好，但年輕世代不看電視的比例已經過半。

透過廣告費用的調查（經由電通進行）可以了解這個此消彼漲的情形。二〇二二年的廣告預算，大衆媒體占二・四兆日圓（約新臺幣五千億元），網路廣告則占三・一兆日圓（約新臺幣六千五百億元），網路廣告的廣告預算已經高於傳統媒體，情勢已經逆轉。

網路情報變成購物關鍵

網路廣告訴求的對象主要是年輕人。如果把眼光放遠，以中長期來看，現在的年輕人將會是未來消費者的主體。如果能夠提前找到並掌握與年輕世代消費者的接

觸點，就能夠讓收益與經營安定化。

此外，SNS的訴求效果也很好。舉例來說，根據行銷支援公司Allied Architects調查，X（舊稱Twitter推特）的用戶當中，十幾歲、二十幾歲就有超過七〇%以上；三十幾歲的則有六〇%以上使用者表示決定購入商品的契機皆來自X提供的情報。

即使不在大眾媒體上投放廣告，也可以拉高業績，達到集客效果。事實上，不在大眾媒體投放廣告但仍成功集客的企業非常多。

譬如星巴克就不在電視上投放廣告，好市多與思夢樂也是。

最重要的是，選擇投放廣告的媒體時，應該要考慮到客群的屬性，年齡、性別、生活環境等等。

譬如年輕人接觸網路的時間要比看電視長，當然在ＳＮＳ投放廣告會更合適。相反地，高齡者接觸電視或報紙等大眾媒體的時間較長，對於大眾媒體的信任度較高，因此若產品的客群是高齡者，就該向大眾媒體投放廣告。

像這樣按照客群屬性區隔媒體，可以讓廣告的效果最大化，對企業來說，也是ＣＰ值最高的做法。

2-3 為什麼AI時代官方SNS帳號很重要？

與顧客的連結將會成為資產

ＳＮＳ的官方帳號，不只是在集客與製造和顧客之間的接觸點上產生作用，也能夠生成「顧客情報」這項企業新資產。

譬如日產汽車或本田汽車的ＩＧ就有四百萬人以上的粉絲，各大超商、星巴克、麥當勞等餐飲連鎖店都在Ｘ上都有超過五百萬人追蹤。

這個幾百萬人不只是ＳＮＳ上的粉絲數量，當企業發表新商品、或者有什麼推廣活動時，這幾百萬人的粉絲數量，就是銷售訊息得以確實傳播的基礎。

此外，對企業來說，能夠確實掌握官方帳號上每篇貼文的曝光次數(impression，多少人看過、多少人有反應）也非常重要。如果能夠實際確認顧客的反應，就能夠分析廣告的優劣，也可以把下一次的貼文內容做到更好，推送更容易讓消費者有興

網路廣告當代的時代

〈廣告費的投放對象變化〉 出處：電通《二〇二二年日本的廣告費》

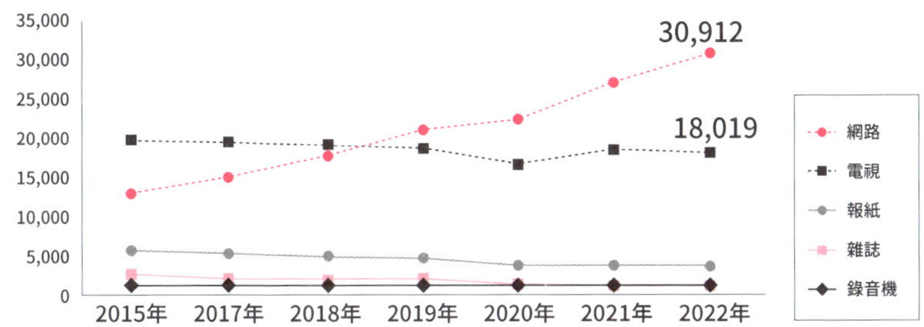
（億日圓）
35,000
30,000
25,000
20,000
15,000
10,000
5,000
0
30,912
18,019
2015年
2017年
2018年
2019年
2020年
2021年
2022年
網路
電視
報紙
雜誌
錄音機

網路廣告的特徵是可以輕鬆地把消費者的反應數據化。而隨著SNS的普及，廣告的各類模式也增加了，廣告費用的總額也超車大眾媒體。

趣的廣告。

這些數據與資料，過去都被廣告代理商壟斷。但若企業好好經營自己在SNS上的官方帳號，企業能夠自行蒐集數據、觀察消費者的反應，企業也能夠思考如何在產品、在推廣、在曝光上更有效率的各項策略。

爲AI時代做準備

接下來，AI未來將在各領域發揮實際作用，考慮到這一點，掌握數據與資訊顯得越發重要。此外，AI也將是促使企業能夠改善與消費者溝通品質的重要手段。

然而，這一切的大前提是——取得並持有數據與資料。誰、在什麼時候、在網路上發表關於企業本身或企業產品什麼內容，以及發表者占有多少、大概擁有什麼樣的社會背景。如果無法確實掌握這些資料，AI也無法進行分析。掌握的數據、資料愈多，AI分析的精準度就愈高。

基於這樣的認知，開始在SNS上與消費者建立接觸點的企業或店家早已開始著眼於AI時代。隨著AI技術的發展，這些店也可以將累積的顧客資料活性化，讓集客更有效益。

也就是說，**SNS能做的不只是集客，更是中長期的集客力發展的有效對策。**

2-4 人氣店家如何增加回頭客？

直接將訊息傳達給消費者

「回購數」（Repeater）是企業或店的經營能夠更穩定的關鍵。爲此，受歡迎的美容院或餐飲店，會使用ＬＩＮＥ與客戶維持聯繫，進而穩定客源。

與ＳＮＳ相較，ＬＩＮＥ的特徵是使用者更多。如果從活躍使用者數量來看，Ｘ與ＩＧ約有四千萬人左右，但ＬＩＮＥ的用戶數有將近一億人。

此外，ＬＩＮＥ在傳遞訊息上比ＳＮＳ更加容易。Ｘ與ＩＧ都是向不特定多數的粉絲發送訊息，如果是追蹤者較多的企業或店家，對於特定族群確實號召力較高；但追蹤人數如果不多，即使推送了宣傳，效果也如電視廣告一樣，看或不看，完全取決於使用者的意願。

相反地，ＬＩＮＥ可以直接把訊息傳送到個人的手機上——無論使用者願不願

日本的LINE使用者占壓倒性多數

「SNS的使用者人數(月)」 出處：Gaiax Social Media Lab

SNS名稱	日本國內 活躍使用者數量(MAU)	全球 活躍使用者數量(MAU)
LINE	9,500萬	1億9,900萬
YouTube	7,000萬	20億
X(舊稱推特)	4,500萬	3億3,300萬
Instagram	3,300萬	10億
Facebook	2,600萬	30億5,000萬
TikTok	1,700萬	10億

雖然SNS的種類很多，但日本國內的使用者還是主要集中在LINE上(活躍使用者)。只不過有的人就是不喜歡有未讀訊息，所以提供有吸引力的訊息也很重要。

意。因此相較之下，透過LINE會更容易傳播訊息，也更容易讓使用者看到。簡單地說就是，**LINE可以把訊息直接傳送給目標客群，廣告效果自然也好。因此受歡迎的店都熱衷於推出方案，鼓勵顧客加入官方帳號，甚至是群組。**

不被讀取就沒意義了

用LINE發出的情報五花八門、天馬行空。在各式各樣的SNS、電子雜誌、大眾媒體都在大量發送訊息，如今資訊氾濫的時代，以過去常見方式提供新產品情報，已經很難引起顧客的興趣。

電子報也是一樣的狀況，企業寄出的電子報，消費者打開閱讀的機率最多才二○%，若消費者不太有興趣，甚至會低到五%。

這裡有個重點：**如果要讓消費者願意讀取，重點是要人有「會賺到」的感覺。不去看，那我不就虧大了！**——若能夠讓消費者這樣想，讀取率就會上升。

譬如受歡迎的店就會提供ＬＩＮＥ折價券（企業用帳號），像是「可折一○○日圓」、「打九折」、「來店禮」等優惠。雖然是簡單的集客戰略，但在美容院或是餐飲業這種競爭激烈的產業，覺得「便宜的話，看看也無妨」的人也很多，很多店也因此爭取到新客戶。

此外，即使是既有的客戶，也可能因爲其他的店更便宜就變心了，總之先過去消費看看。折價券之類的優惠可以防堵這類情況發生，也可以提升回購率。不過，就回購率這一點看，**如果加入官方帳號的客人封鎖了帳號，那就完全沒有效果了，這也是ＬＩＮＥ行銷最大的弱點。**因此，要讓客人覺得「這家店會通知我有好康」，這樣才能夠避免被客人封鎖。

要深入了解顧客情報

透過折價券這類優惠集客——這類手法雖然以前就有，但是**LINE折價券的特徵是透過網路發放，操作起來要比傳統的紙本傳單簡單很多。**

另外，透過LINE傳送訊息還有一個好處——可以知道客人有沒有點開訊息，也就是可以得知訊息的開封率。透過這個數據，可得知客人喜歡什麼樣的優惠，哪些優惠會有什麼樣的集客效果，這樣一來，就可以透過數據改善優惠券的內容與發送的時間。**而透過深入分析，就可以掌握每個顧客的偏好。活用這些數據，也可以提供符合顧客需求的優惠，有效提升回購率。**

更重要的是，就確保回購率而言，與其向不特定多數的顧客提供相同的優惠，不如爲顧客量身打造，提供更具吸引力、更加貼合需求的服務。

就行銷策略來說，這種手法稱之爲個人化行銷。而LINE是一項很有效的工具，將LINE收集、累積的數據進行分析後再銷售，不但效果會更顯著，也能夠更有效、深入地與顧客交流。

分析顧客反應，有效提升廣告效果

店家
QRcode
CPC、
線上廣告等
網路搜尋
加入LINE
官方帳號
彙整使用者ID
與連結網址
的觸及
從店家
QRcode 觸及
從線上廣告
導入
透過網路檢索
的觸及
SALE
符合店鋪經營的
行銷策略
網路
專屬優惠券
會員專屬
訊息推播
追蹤並分析顧客經由哪種途徑加入官方帳號
檢視各店家的行銷策略回顧，取得與使用者更契合的針對性交流

與X（舊稱推特）與IG相較，LINE的擴散力相對較弱，但可以蒐集個人喜好、並發出符合個人喜好的情報。蒐集、分析顧客資料對個人化行銷非常有利。

2-5 衰退中的商店街該如何賺到錢？

確保穩定的收益

在夜店，有所謂的「好客」，這指的是「會花大錢的重要客人」。在其他的業界或店家，爭取到這樣的客人，對**穩定地獲得「好」收益也很重要。**

關於這一點，可以參考在商店街倖存的文具店與運動用品店。

在日本，商店街衰退是一個全國性的趨勢。根據中小企業廳的調查，針對商店街最近的景況，回答「生意很好」、「有生意變好的傾向」的店只有近四％。覺得商店街的利用者日益減少的店逐年在增加。

在這種狀況下，「好客」就很重要了。

譬如運動用品店，表面上雖然好像只是在賣運動用品，但也可能與附近的學校合作，提供體育課的必須設備或用品。又或是與地區的運動隊伍合作，販售像是制

商店街需要戰略來對抗衰退

商店街的中長期展望　出處：中小企業廳〈令和3年度　商店街實態調查報告書〉

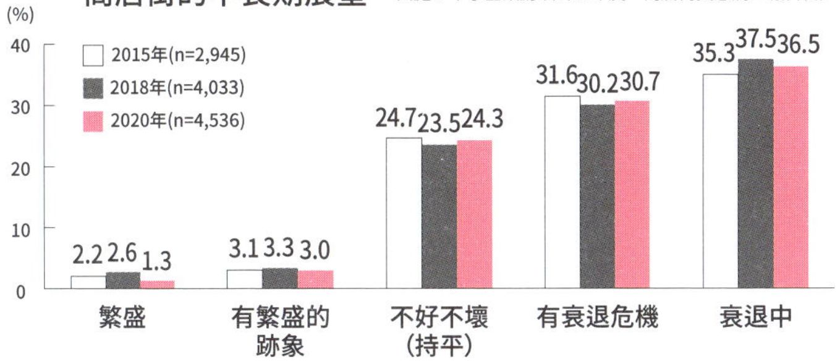
(%)
40
30
20
10
0
2015年(n=2,945)
2018年(n=4,033)
2020年(n=4,536)
2.2
2.6
1.3
3.1
3.3
3.0
24.7
23.5
24.3
31.6
30.2
30.7
35.3
37.5
36.5
繁盛
有繁盛的跡象
不好不壞(持平)
有衰退危機
衰退中

日本全國的商店街都有衰退傾向，地方都市更是因爲少子高齡化與人口減少的影響而更趨明顯。爲了商機的存續，必須要尋求確保穩定的收益來源。

服這類商品。

文具店方面也是一樣，只賣一枝一百日圓的筆或筆記本，這樣的業績是沒辦法持續經營的。但如果能有其他收益，譬如附近學校指定的運動服，或是規定的室內鞋，這樣就能確保穩定的收益。

總之，對這些店來說，學校或地區團體都可以是「好客」。

活用優勢的營業項目

與個人顧客相較，學校有個優勢，就是每年都有新成員（學生）加入，會產生新的需求。而與學校有關的用品，相對來說比較沒有價格競爭上的問題，如果附近沒有其他同質性的店，可說價格競爭的可能性就相當相當小了。

用比較沒那麼友善的方式說，以這些店距離學校很近，競爭對手也不多爲前提；若滿足這些條件，那麼這些體育用品店或文具店，他們形同獨占對學校商機的利益。

如果有「只有我才有的優勢」而不使用，那就太可惜了。要去找自己的優勢在哪裡，也要找屬於自己的「好客」，甚至把一般客人培養成「好客」。像這樣的永續經營是很重要的。

2-6 爲什麼實體商店比網路商店更容易賺到錢？

其實，實體店比較好賣

在思考如何提高集客效益與擴大販售通路的時候，很多人會想網路或許會是一個不錯的選擇。

對於經營者來說，相較於擴張店面的規模，網路銷售不但在資金與人員方面的門檻都比較低，再加上網路無國界，所以理論上來說，在網路上擴點，應該是可以接觸到所屬商圈外的顧客才對。

但店面有店面的優點。**隨著網購增加，很多人會覺得如果大家都上網買，就沒人去實體店面了，但實際情況其實並非如此。**

其實，不管是表參道的時尚精品店也好，或者是澀谷的一〇九百貨也好，就算是在網購的鼎盛時期，集客效果也依然非常出色。

實體店面的市場規模比電商大

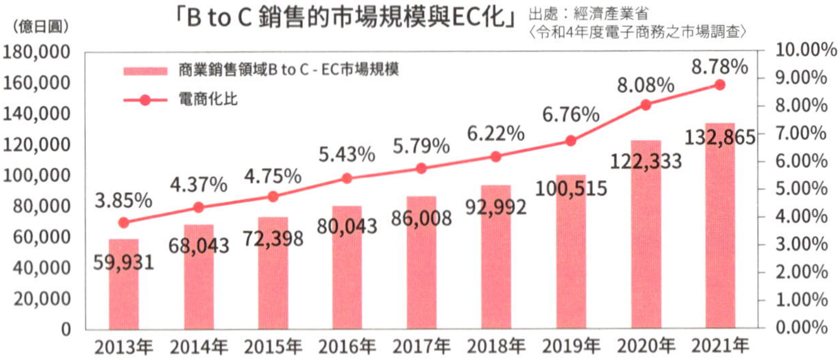
「B to C 銷售的市場規模與EC化」
出處：經濟產業省
〈令和4年度電子商務之市場調查〉
(億日圓)
180,000
160,000
140,000
120,000
100,000
80,000
60,000
40,000
20,000
0
10.00%
9.00%
8.00%
7.00%
6.00%
5.00%
4.00%
3.00%
2.00%
1.00%
0.00%
商業銷售領域B to C - EC市場規模
電商化比
3.85%
4.37%
4.75%
5.43%
5.79%
6.22%
6.76%
8.08%
8.78%
59,931
68,043
72,398
80,043
86,008
92,992
100,515
122,333
132,865
2013年
2014年
2015年
2016年
2017年
2018年
2019年
2020年
2021年

雖然電子商務已經相當普及，但是B to C 銷售的市場，實體店面還是占銷售額大宗。

然而，雖然根據經濟產業省的資料，網路銷售的銷售額在過去十年成長兩倍，達到二十三兆日圓（二〇二二年，約新臺幣五兆六百億元）。購物比例較大的是日常用品（B to C 銷售）市場規模約十三億日圓（約新臺幣兩億八千萬元）。

但電子商務（EC）的規模只占整體商業交易的約九%。

也就是說，**電子商務的銷售額約占整體商業交易的十分之一，實際上實體店面的銷售額還是壓倒性地占多數。**

提升體驗價值

爲了要提升集客率與增加收益，**加強自己獨有的價值，對實體店面的發展可說非常重要。**

其中之一是**即時性**。在網路上訂購的商品，必須要等到貨到才能眞正取得；但在實體店面購買的商品則可以立刻帶回家。這個特質可以提升消費者的滿意度，特別是消費者急著取得某樣商品時，就會直接前往實體店面購買。

第二項就是購物本身的**實際體驗**。在實體店面購物，不只是買到一個商品，還包括在店裡逛來逛去、重複挑揀比較的經驗。櫥窗購物（window shopping）就是這種體驗的例子，時尚精品店的生意會好，也是因爲提供了這樣的樂趣。

如果要銷售「體驗」，透過租下店面營造利於銷售的氣氛不可或缺，甚至連帶店內的裝潢與陳列都非常重要。在這方面花錢或花時間皆可視作爲投資，因爲這麼做有機會讓消費者因爲獲得好的體驗，也更能提升這個體驗變現的價值。

譬如，若能在店內裝潢與陳列上多下一些功夫，讓產品看起來更具吸引力，也更容易因此引發消費者衝動購物。此外，在店面營造利於銷售的氛圍，也能夠進一步提升品牌形象。雖然電商也能夠透過網頁設計與配色打造網路商店的形象，但實體店面還能透過視覺以外的各種面向，向消費者訴求更完整的形象概念。

經過精心設計的店面，更能吸引路人的目光。不但可以產生宣傳效果，對那些不那麼習慣在網路上購物的人而言，當品牌擁有實體店面，也更能夠提升其信賴感。

「人」才是實體店面的最佳武器

對於實體店面的集客來說，**店員的溝通能力非常重要。**以家電爲例，就算事前在網路上調查過，但還是有些消費者希望能夠在購買之前看一下商品實際的樣子。有些消費者雖然已經在網路上查過功能、規格等資料，但還是覺得對商品的好壞不太有把握。在這時，店員就是一個很好的輔助角色。透過幫助消費者獲得超出網路範圍的專業訊息，讓消費者產生「有來店裡看看眞是太好了」，讓消費者產生購買的想法。

電商與實體通路各自的強項

出處：net shop開業講座〈電商與實體店面的不同〉

	實體店面	電商
營業時間	限營業時間內	全年無休的24小時營業
店員應對	接待客人的狀態會隨客人差異、忙碌程度與身體狀況產生水平落差	按自己的步調對應
商品購買方式	消費者自己帶回家	配送（需要額外支付運費）
運費	不需要	需要
商品細節	實際看到、碰觸、試穿、或試吃	透過照片與說明文字判斷
有關商品的疑問	詢問店員	透過電子郵件（電話）確認
對商家的安心感	有實體店面所以感到安心	對第一次消費的店、對商品品質與工作人員的對應會出現不安（疑慮）
開店資金	店面的內外裝潢費都很貴，需要一筆資金	與實體店面相較，只需要相關資金的一部分即可架設網站，人事費也較便宜
店面維持費用	需要房租、水電等維持費用	與實體店面的開銷相較，伺服器（域名）、支付手續費（購物車）等花費較爲便宜。
宣傳廣告費	可能向往來行人散發傳單，或是在雜誌上刊登廣告	電商沒有過路客，所以集客比實體店面困難，必須知道如何使用SEO技巧

由於店租與人事費用相對儉省，對事業者來說更有利潤，因此使用電商系統的商家有增加的傾向。實體店面若想要增加收益，需提升「實體店面才能夠提供」的價值優勢相當重要。

因此，店員不但需要具備產品相關知識，親切接待與能夠深入淺出說明的能力也不可或缺。這樣的店員，就是實體店面最好的武器。

而從另外一方面說，**如果消費者在實體店面看到商品，但最後卻還是選擇在網路上下單，像這樣的展示廳現象（Showrooming），不只是因爲在網路上買比較便宜，也是因爲實體店面在服務上無法最大限度地滿足消費者的滿意度及需求。**

而像是澀谷的一〇九百貨這種時尚系的百貨，所謂的「明星店員」

在集客與業績上同樣發揮顯著作用。這也是實體店面的強大武器。明星店員有時甚至也會變成一種品牌，當店員擁有高人氣，也能同時帶動品牌價值。

最重要的是：要讓消費者覺得「想跟這個人買」、「想聽一下這個人的意見」。這樣的明星店員，不但能夠有效招攬顧客，他們良好的溝通能力在口碑加乘下，還能為品牌帶來更多回頭客。

2-7 你們家附近的拉麵店爲什麼會變成熱門店？

把客人拉進店裡非常重要

若是不想在競爭激烈的紅海滅頂，必須讓商品在競爭中擁有差異化的特質。有些地方的拉麵店也同樣透過這個方式讓自己生意興隆。

地方特色的拉麵店之所以能夠流行起來，首先是拉麵市場本來就具備相當規模。在日本國內拉麵店的市場規模約六千零一十九億日圓（約新臺幣一千二百六十億元，總務省〈令和三年經濟普查〉）。此外，根據觀光廳的訪日外國人消費動向調查，讓觀光客覺得「最滿意的飲食店」，拉麵店是僅次於肉料理的第二名，也就是說，即使對外國人來說，拉麵店也是非常受歡迎的料理。

只是，市場雖大，但競爭也同樣激烈，缺乏特色的商品很快就會因爲消費者的喜新厭舊而被淘汰。地方特色的拉麵店能夠生意興隆，特色與差異性都是重點。

日本全國拉麵勢力圖

雖然日本全國各地有許多拉麵店，但由於地域特色等原因，諸如湯頭或麵的粗細選擇都很多，雖說是紅海，但要做出區隔性並不那麼困難。

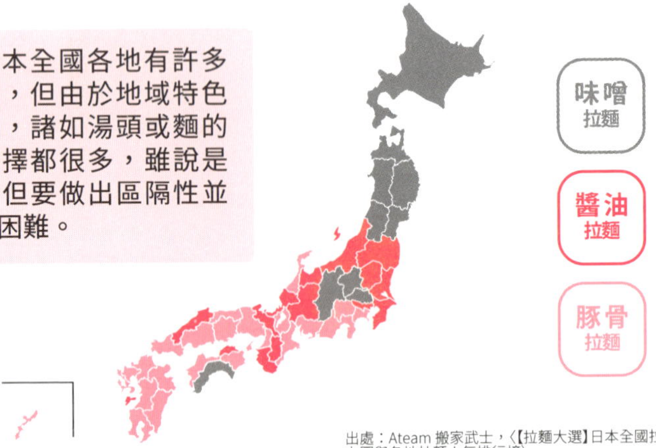

味噌拉麵
醬油拉麵
豚骨拉麵

出處：Ateam 搬家武士，〈【拉麵大選】日本全國拉麵勢力圖與各地拉麵人氣排行榜〉

日本各地的拉麵店除了競相打出地域特色，也**透過高湯風味與麵條粗細吸引拉麵市場中的目標客群（拉麵愛好者）；而這種做法也能夠讓拉麵店做出與競爭對手的差異化。**

目標是成爲當地的 Only One

從戰略面來看，餐飲業分成兩種。

其一是單一料理，也就是針對喜歡該料理的目標客群的專門店，像是豬排店、壽喜燒店、拉麵店、壽司店、咖啡店等；地域拉麵店也會因爲細分拉麵種類，而被納入這類型的範圍內。

其二是跨領域提供超多樣料理的百貨公司類型，像是居酒屋、家庭餐廳等；此外，因爲現在很多人會買回家吃，所以提供很多種類便當的超商也會被歸入這一類型的飲食店。

中小企業與小型店不管在人力或財源上的資源都很有限，做專門店比較容易成功。業者若縮小食物供給的種類，也能簡化食材的引進，也省去學習多種料理的方法。

另外，由於對拉麵店而言，店鋪所在地周圍的消費者是主要銷售對象。透過提高作爲專門店的認知度，也將更有可能成爲該商圈或地區的第一名甚至獨占市場。「最好吃的味噌拉麵」也好、「大排長龍的沾麵店」也好，都是在小市場做到頂尖，店家的認知度提升，進而增強成爲專門店的價值。

在小市場拔得頭籌

接下來，我要來談一點比較專業的話題。如果要稱霸小市場，那麼就要運用英國工程師兼數學家弗雷德里克・威廉・蘭徹斯特（Frederick William Lanchester）

在一次世界大戰前期提出的「蘭徹斯特法則」（Lanchester's laws）——這是一種基於在戰場上取勝的戰略思維。

蘭徹斯特法則（第一法則）的大前提就是：戰鬥力相同時兵力較多者勝。就商業角度而言，「兵力」就是人力與資金等資源，也就是說，中小企業與小型店本來就很難跟大企業或大型店正面交鋒。

另一方面，這個法則也提出**以小勝大的五種戰略**。

這五種戰略是：**限定戰場、限定對手（一對一對決）、選擇近戰（避免大規模的廣域戰鬥）、集中戰場（將資源集中在單一目標）、佯攻作戰（聲東擊西）**。

而拉麵店追求的專門性，可說符合「限定戰場」、「集中戰場」法則，將資源集中在單一目標上的原則。這樣的戰略，能有效提高在市場上生存的機率。

不僅是拉麵店，中小企業與小型店也可以使用這種戰略，讓自己更能夠在戰場上生存。

以我們公司爲例，我們是一個以多位稅理士組成的團隊，但稅務的範圍其實非常廣泛，而我們的最大特點在針對個人的遺產稅或企業法人顧問方面的專業知識與

能力，這也是我們與其他事務所形成差異化的關鍵。

能夠做出好吃的味噌拉麵，並不代表就能夠做出好吃的沾麵，稅務也是一樣的道理，稅務雖然有共通基礎，但若能夠針對特定領域發揮專業能力，商業模式與績效成長率也會明顯產生變化。

所以，集中於更能夠讓自己發揮能力，集客與收益最有利的市場非常重要。

而**透過選擇市場與特定客群，中小企業或小型店的經營效率也能大幅提升。雖然市場或需求也可能相對較小，但競爭也小，以專業作爲武器，更有機會在市場上脫穎而出。**

在小市場取勝的蘭徹斯特法則

弱者的戰略	強者的戰略
基本戰略：差異化（不同的特點、不同的技術）	基本戰略：迎合戰略（契合作戰）
弱者的5大戰略	**強者的5大戰略**
①限定戰場：以小眾市場作爲戰場	①廣域戰：以規模大的市場作爲戰場
②限定對手：選擇對手較少的市場	②多點擊發：發動複數攻擊，確保一定能夠擊中到目標
③近戰：近身對決	③遠距離作戰：有效活用廣告、電視臺，進行遠距作戰
④集中戰場：將資源集中在單一目標，並將之重點化	④總合戰：使用所有武器的總動員作戰
⑤佯攻作戰：聲東擊西的欺敵戰術	⑤誘導作戰：把對手誘導到對自己有利範圍作戰

出處:《Mitsue-Links》

小型店在專門性較高的小眾市場作戰較爲有利。除了拉麵店，有大型企業或店進場的市場，選擇與集中業種以及提供價值非常重要。

3

定價之謎——開店成功的關鍵

會計事務所
混……
輸了……！
這傢伙也太強了吧！
午休
作弊啦!!
唉……
連十次抽籤一次都沒抽到
下次一定要贏啦!!
嗶
耶
？
是剛剛那個人傳的訊息？
剛剛送來的●●●咖啡的帳本，應收帳款的金額不對喔，要麻煩修正。
會計科目的部分，有幾個地方要修改……
!!
啊
先生!?
居然!?
微笑♡
工作還沒完全上手，課金倒是一點都不手軟啊
對……
對不起!!

我嚇死了
沒想到居然是老師您……
還有您真的蠻強的……
其實啊，手遊也有賺錢的小祕密耶！
就算想克制不花錢，但卻一直想課下去，對吧？
這個月已經課很多！
呵呵呵…
但是，再課一次就好!!
這週已經打5次了
沒錯，我確實已經課好幾次了……
那我們還是來說說怎麼樣在商業上收益暴增的祕訣吧！
好！
看——

3-1 什麼哈密瓜要賣兩萬日圓（約新臺幣四千四百元）？

當哈密瓜不只是哈密瓜

爲了增加利潤，「賣貴一點」很重要。有些人會覺得「說是這樣說，但這很困難」，如果你也覺得很困難，這時，就要學學千疋屋怎麼賣水果。

在超市，哈密瓜一顆大約是在一千日圓（約新台幣二百元）到二千日圓（約新臺幣四百元）左右。但是同樣是哈密瓜，日本歷史悠久的高級水果專賣店千疋屋，一顆要賣二萬日圓，而且賣得很好。

因爲**千疋屋的哈密瓜可不只是哈密瓜那麼單純而已，而是用於餽贈的禮品。**

買回來自己吃、或是與家人一起吃的哈密瓜，買一顆一千日圓到二千日圓左右差不多。但千疋屋的哈密瓜就是買來送禮的等級，與超市買的哈密瓜不一樣。

甜度與外觀都非常出衆，而且從包裝到盒子都非常用心。

用4P觀點翻轉銷售

4P分析
Product
產品
賣什麼樣的商品
Price
價格
賣多少錢
顧客
Promotion
促銷
如何推廣
Place
地點
如何流通（於市場）
S
市場區隔 Segmentation
根據顧客特徵細分市場
A B C D
T
選擇目標市場Targeting
細分市場後，決定要以哪個市場作爲目標
A B C D
P
市場定位 Positioning
在已經鎖定的市場上確認企業定位
市場A
自社
a b

從行銷的觀點來看，若要改變既有商品的銷售方式，使用STP（Segmentation、Targeting、Positioning與4P（Product、Price、Place、Promotion）來翻轉非常有效。重新設定客群，競爭上如何差異化（STP）以及用什麼方法販售（4P）好好考慮這些細節，要找到新的價格戰略就容易多了。

彙集以上要素，做爲贈品，一顆二萬日圓也不是什麼離譜的價格。當然，能夠理解這個售價的人也很多，所以賣到十倍以上也還是賣得出去的。

翻轉銷售

以此爲例，若想要自家企業的商品或服務能夠賣到十倍以上的價格，就要翻轉自己的想法，徹底改變銷售戰略。

就銷售客群來看，千疋屋設定的目標客群除了有送禮需求的人外，就是金錢上可以輕鬆負擔一顆兩萬日圓哈密瓜的人。

關於銷售方式，超市講究的是熱鬧、有朝氣的感覺，與最新鮮的農產品。千疋屋的重點則是高級感。

在進貨方面，超市講究的是要找可以便宜進貨的盤商或農家，千疋屋重視的則是要找到品質與產地都有品牌力的商品。也就是說，超商與千疋屋做生意的方式不一樣，瞄準的目標市場也不同。

最重要的是，要把哈密瓜打造成「不只是哈密瓜」的商品。只要能夠找到施力點，提高售價，就可以增加利潤，還能擺脫競爭激烈且必須在價格上進行殊死戰的紅海。

3-2 爲什麼旅費在黃金週時會爆漲？

需求與供給的平衡

可以賣貴一點，就要賣貴一點，這是設定價格時要有的基本概念。

旅費就是一個很好懂的例子。機票或旅館的費用，都會因爲季節或是旺季的關係變動。這個機制就是所謂的動態定價（Dynamic Pricing）。不只是旅費，這也適用於熱門運動競賽，或是東京迪士尼樂園的票價等，相關費用就可能循動態定價的模式提高。

動態定價有兩個特徵，其一是**當需求高於供給時，價格會變高；當供給多過需求時，價格會變便宜**。供求平衡是動態的、不斷變化的，因此，市場想要的價格及業者想賣的價格時常在變動。

就動態定價來說，市場供需平衡的變化是可以預測的，也可藉此評估如何設定

機票與住宿費用。譬如旅行時，在連續假日等旺季時必定人山人海；夏季時，涼快的場所人人都想去，像這樣的變化都有規則性。

此外，每年需求變化的模式幾乎都是重複的，所以要預測規則性也就相對簡單許多。在哪個時期，前往哪裡的旅行，售價多少錢，分析過去的資料，就可以找到更有助益於銷售的價格。

而**若能夠高度精準地預測容易銷售的價格，企業的利潤也會顯著提升。**順帶一提，像這樣重要的供需分析與變化模式預測，都是電腦的拿手好戲。

可預見的是，未來會有更多企業將使

用在計算與分析上都表現傑出的ＡＩ設定價格，並藉此提升競爭力。

賣到有剩與賣到沒剩的對策

動態定價的第二個特徵是：**愈早預約愈便宜，愈晚確認愈昂貴。**

對企業而言，擴大利潤的關鍵在解決兩個問題：一是避免因爲空位與空房而產生業績上的損失，二是避免因爲賣得太便宜且賣光了，錯失無法高價售出機會的損失。這個方法就是「早預約享優惠，晚預約就得多花錢」。

讓早點預約的人可以花比較少的錢，這樣的做法能夠確保滿足已經確認旅行計畫的消費者需求，透過這樣的策略確認一部分的業績，也可以降低賣不完的風險。

另一方面，突然需要出差的商務客總是在出發前一、兩天才預約，在這個狀況下，比起價格，能夠預約到房間更重要，因此企業也可以提高房價，從而產生更好的獲利。

從稅務顧問的角度看，**愈是不賺錢的公司，愈是會因削價競爭而陷入赤字。**這種案例很多。就像是賠本拋售存貨，很多企業甚至爲了要把庫存都清掉，只好花費更多人力、甚至是動用機械（生產設備）完成。

如果能夠基於供需平衡來確立價格，就可以防範出現賠本拋售的情形。當然賣得愈便宜獲利就愈低，但如果考慮到動用人力或機械的固定費用，應在不虧本的前提，提供便宜的價格。

最適合限量的商品

動態定價的策略並不適合日用品（衛生紙、牙膏、辦公室用品）這類供需平衡不太會產生變化的類型；但只要是那些供需平衡會產生變化的商品，原則上都可說適用這項策略。

另外，像機票這類座位數量固定的商品，由於供需關係中的供給量是固定的，因此機票售價在屬性與操作上特別適合動態定價策略，且相容性高。

即使是旅遊之外的產業，若是能夠掌握旺季與淡季的變化與循環，就能打造出

價格由需求與供給的平衡決定

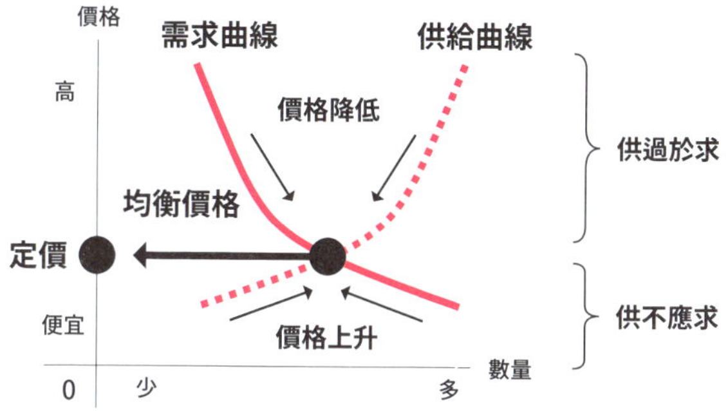

價格總是不斷地在變動。而透過根據供需變動調整價格的機制、以及預測供需狀態的系統，便可藉由調整價格來提升獲利。

讓售價隨著銷售情況逐步上升的機制。

就現狀來說，若人力與機器都已經全力運作，或者雖然商品售罄，獲利卻沒有增加，那麼就要確認是不是賣得太便宜、或者是過早銷售了，如果是具備迫切性的商品或服務，就可以思考是否要提高售價。

相反地，若是庫存過多，而且沒有工作或訂單，導致設備也跟著閒置，就要思考是不是應該提早啓動降價銷售的策略。

動態定價的獲利結構

固定價格的情況

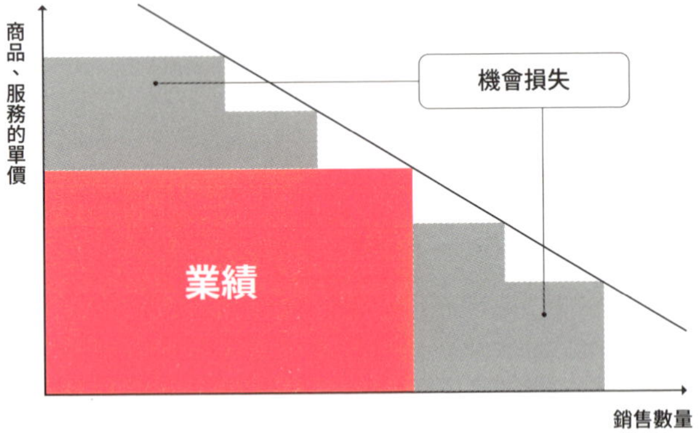
商品、服務的單價
機會損失
業績
銷售數量

動態定價

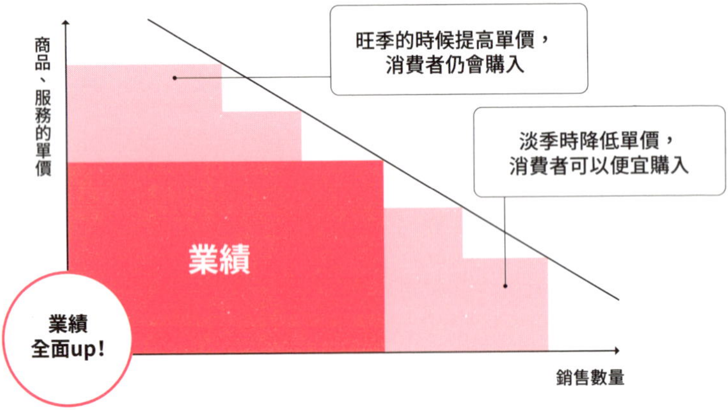
商品、服務的單價
旺季的時候提高單價，
消費者仍會購入
淡季時降低單價，
消費者可以便宜購入
業績
業績
全面up!
銷售數量

無論是限量商品，或是需要在限定時間內賣完的商品，都必須同時應對沒賣完或提早完售的狀況。而動態定價不但可以降低賣不好或庫存積壓的風險，還能在避免滯銷的同時，使銷售額得以最大化。

3-3 什麼地方會把杯麵賣到四倍的價格？

換個地方，換個價格

要提高售價，嘗試更換銷售地點條件來調整售價是一個有效的辦法。富士山是一個很好的例子。

富士山是日本第一的高山。不只海拔日本第一，甚至物價也是日本第一。

譬如罐裝果汁，如果是一般街邊的自動販賣機，每瓶約一百多日圓，但若在富士山頂買，售價會飆升到五百日圓（約新臺幣一百元）。平時二百日圓（約新臺幣四十元）可以買到的杯裝泡麵，在富士山頂要賣八百日圓（約新臺幣一百七十元）。

售價飆升的理由很容易理解，因爲商品必須運送到富士山頂，而且店本身必須在富士山頂營業，成本自然會變高。此外，富士山頂當然不可能會有很多店，可說是藍海市場（雖然是山啦），因此不太有價格競爭的問題。

顧客體驗可以產生更高的收益

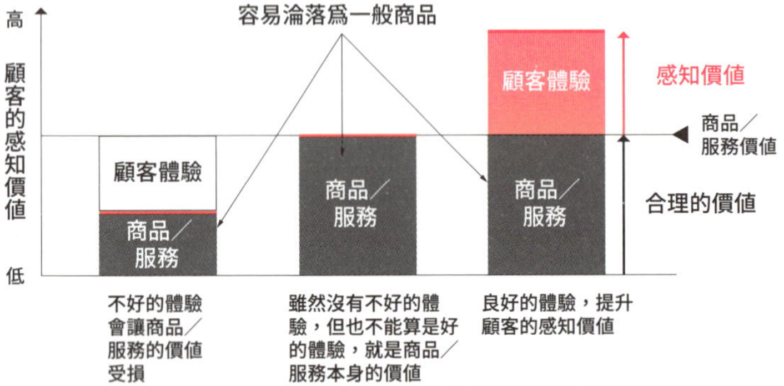
高
顧客的感知價值
低
容易淪落爲一般商品
顧客體驗
商品／服務
商品／服務
顧客體驗
商品／服務
感知價值
商品／服務價值
合理的價值
不好的體驗會讓商品／服務的價值受損
雖然沒有不好的體驗，但也不能算是好的體驗，就是商品／服務本身的價值
良好的體驗，提升顧客的感知價值

商品或服務的價格，會隨著其自身的價值獲得無法具體量化的提升（滿足度或稀有程度）而提高。

富士山的這個例子中，最重要的是：**價格會隨地點或環境改變；即使價格因此而改變，還是會有人願意買單。**

我們的腦海中普遍有一種「果汁就是個一百多日圓的東西」的概念，因此廠商也會被「果汁不賣一百多日圓這麼便宜的話，就會賣不出去」的成見所限制。

但的確，對既有的市場來說，賣個一百多日圓是剛剛好的。

重要的是，找出可以高價賣出的市場，才能大幅提高收益。

珍貴的體驗，就算貴也賣得出去

還有一個重點，就是在富士山頂吃杯麵，這種顧客的體驗價值（Customer Experience）可說是無與倫比。所謂的體驗價值，就是顧客獲知這件商品或服務，並透過購入、使用等一連串的過程後所獲得的體驗及它的附加價值。

以杯麵來說，單純的杯麵、不考慮其他特殊狀況，價格差不多就是二百日圓，但許多人認可在山上吃杯麵只要八百日圓很便宜，所以在富士山頂上，一個杯麵就算賣八百日圓也有人願意買。

從經營的角度看，將原本在街邊小店裡售價一百日圓左右的東西，找到可以賣到兩倍以上價格的獨特場域，然後**使用其價值的兩倍，甚至三倍的價格當作售價，附加消費者也可以認同的銷售體驗，是讓利潤倍增的重點。**

3-4 一千日圓（約新臺幣二百元）理髮店怎麼樣賺到錢？

簡單的營運模式

日本在經歷長達三十年的不景氣後，「低價」成爲吸引消費者的關鍵字。一千日圓（約新台幣二百元）理髮店就是在這樣不景氣的時期，因應消費者需求而急速成長的產業之一。

以一千日圓理髮的大型理髮店QB HOUSE爲例，在二十一世紀初期，店鋪數只有一百間，之後的二十年內則增加六倍。每年的顧客數約一千五百萬人，營收超過二百億日圓（約新台臺四十四億）。二〇一八年時在東證一部市場（現在的東京證券交易所主要市場，Tokyo Stock Exchange Prime Market, TSE）股票上市，海外分店也增加了。

剪髮的平均費用是三千六百日圓（約新臺幣七百九十元，總務省調查），一千日

圓理髮店只需要一般剪髮的三分之一，對消費者來說是令人衝擊的大驚喜。但相對而言，一千日圓理髮店的業者每次剪髮的收入僅爲一般剪髮費用的三分之一，因此找到低單價的穩定經營方法就非常重要。

其關鍵就是簡化營運。**省略不必要的作業，將成本壓到最低、同時提升迴轉率，這麼一來，就可以使營收最大化。**

譬如一般髮廊，除了剪髮外，還有燙髮、染髮之類的服務，而千圓理髮店就只提供剪髮單一服務，甚至連洗髮都沒有。但也就是因爲像這樣徹底地簡化營運內容，所以不需要沖水設備、開店成本也變便宜。因爲不需要耗費時間洗髮、染髮、燙髮，所以服務每個顧客的時間也可以縮短。

此外，由於一千日圓理髮店不提供理髮以外的服務，所以也不需要額外的訓練與研習時間。能更輕鬆地增加具備即戰力的人力，這也是迴轉率得以提升（增加被服務人數）的原因。

「無微不至的服務」不是絕對必要

過去的商業模式，服務業的趨勢大體上是就追求極致的、無微不至的服務，而製造業則致力於高機能或多機能的產品開發。

結果就是，我們建構了一個讓消費者能以低價獲得高品質商品，或享受極致服務的社會。

但就算是追求高機能化的時代，仍有消費者更趨向簡單、去繁從簡的服務。

以剪頭髮的狀況來說，當然會有人期待「有名的設計師幫我剪」，但也有人覺得「趕快剪一剪就好」、「便宜地剪一剪就好」。

一千日圓理髮店的商機正是來自這樣的需

求，這也正是它的強項。

不是去想如何滿足所有的服務與機能需求，而是專注於如何將一項服務做到極致，這正是千圓理髮店成功的關鍵。可以說是對當前追求盡善盡美和高機能化的世界，提出一個絕佳的反論。

其他產業型態中，像是功能精簡的家電產品，或是使用方法容易上手的陽春手機，都是因爲簡單實用而獲得消費者支持的例子。

與生活息息相關的需求

若更進一步探究，「想剪頭髮」這種需求永遠不會消失，這一點十分重要。人們的需求，首先是衣、食、住這種基本需求，若無法滿足以上條件，人們連過上最低限度的生活都會有困難。

而在滿足基本需求後，人們還有遊、休、知、美的需求。遊是遊樂、休是療癒、知是學習、美是美容；剪頭髮這項需求，就涵蓋在美容的範圍裡。當這些需求被滿

人手漸趨不足的美髮業界

「髮型設計師的人員數量變化」　出處：厚生勞動省〈衛生行政報告例〉(二〇一五年度)

	髮廊		設計師	
	實際人數	比例	實際人數	比例
二〇〇三年	140,130	100.0	251,981	100.0
二〇〇四年	139,548	99.6	250,767	99.5
二〇〇五年	138,855	99.1	250,407	99.4
二〇〇六年	137,292	98.0	248,494	98.6
二〇〇七年	136,768	97.6	246,861	98.0
二〇〇八年	135,615	96.8	244,667	97.1
二〇〇九年	134,552	96.0	243,644	96.7
二〇一〇年	130,755	93.3	237,602	94.3
二〇一一年	131,687	94.0	240,017	95.3
二〇一二年	130,210	92.9	238,086	94.5
二〇一三年	128,127	91.4	234,044	92.9
二〇一四年	126,546	90.3	231,053	91.7
二〇一五年	124,584	88.9	227,429	90.3

由於髮廊、髮型設計師的數量均呈現減少趨勢，但剪髮的需求仍非常普遍。爲了因應人力不足的問題，必須打造一個能夠讓設計師穩定的工作、賺取收入的環境。

足，最低限度的生活便會升級爲文明生活。

現在的日本已經很富裕，所以衣、食、住這類基本需求無法被滿足的狀況已不多見；遊、休、知、美這類文明生活上的需求於是就變成大多數人的普遍需求。

只要需求具有普遍性，例如與日常生活密不可分的物件或服務，這樣的市場就具備持續存在的條件。以頭髮爲例，總之就是會變長，所以每幾個月就會覺得「想剪頭髮了」、「應該去剪頭髮了」，這樣的需求是會持續發生的。

即使單價便宜，因爲消費者的數量龐大，所以營收得以增長

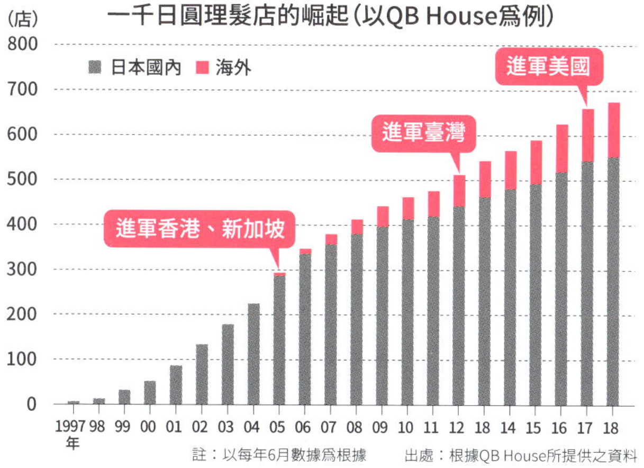

一千日圓理髮店的崛起（以QB House爲例）
(店)
800
700
600
500
400
300
200
100
0
日本國內
海外
進軍香港、新加坡
進軍臺灣
進軍美國
1997年
98
99
00
01
02
03
04
05
06
07
08
09
10
11
12
18
14
15
16
17
18
註：以每年6月數據爲根據
出處：根據QB House所提供之資料

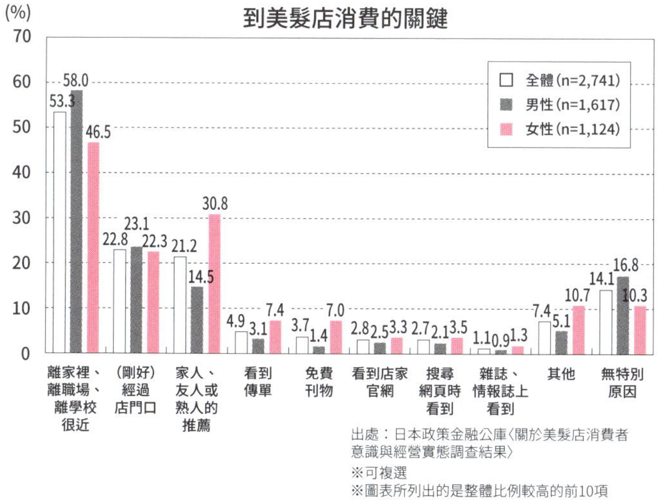

到美髮店消費的關鍵
(%)
70
60
50
40
30
20
10
0
全體（n=2,741）
男性（n=1,617）
女性（n=1,124）
53.3
58.0
46.5
22.8
23.1
22.3
21.2
14.5
30.8
4.9
3.1
7.4
3.7
1.4
7.0
2.8
2.5
3.3
2.7
2.1
3.5
1.1
0.9
1.3
7.4
5.1
10.7
14.1
16.8
10.3
離家裡、離職場、離學校很近
（剛好）經過店門口
家人、友人或熟人的推薦
看到傳單
免費刊物
看到店家官網
搜尋網頁時看到
雜誌、情報誌上看到
其他
無特別原因
出處：日本政策金融公庫〈關於美髮店消費者意識與經營實態調查結果〉
※可複選
※圖表所列出的是整體比例較高的前10項

人們在選擇理容院或髮廊時，會強烈傾向選擇離自家或職場比較近的店，因此也被認爲是「距離爲王的產業」。一千日圓理髮店具備便宜、距離近、花費時間較短（便宜、距離近、耗時短）的特徵，因此，一千日圓理髮店更容易滿足不具拜訪特定店家的消費者們的需求。

另外，與生活密切相關的需求不太會受到景氣變動的影響。一般來說，覺得「因爲景氣不好所以我不想剪頭髮」的人畢竟不是太多。

而對於企業來說，能夠對應相關領域的需求，就等於掌握成功的關鍵。而若能夠掌握普遍性的需求，將更容易獲得長期且安定的收益。

3-5 爲什麼手遊很多都免費？

既然免費，那就玩玩看

定價時，「免費」永遠是最強的。手機遊戲就是因「免費」這強大影響力的最佳例證。二〇一二年時，手遊的市場規模約五千億日圓（約新臺幣一千億元），爾後十年間，成長超過兩倍。

爲什麼很多手遊都讓人免費玩？那是因爲要維持與強化遊戲的競爭力。

喜歡玩手遊的人，總是在尋找新遊戲。如果可以免費玩，就更容易產生「不然玩玩看好了」的想法。透過「免費」的契機，可以讓更多人願意下載自家公司的遊戲，同時提高這些遊戲在市場上的存在感。

此外，手遊中還有社交遊戲這個類別，可以邀請ＳＮＳ上的朋友一起玩，也有可能因爲一同遊玩的過程中，結交到新朋友。

在這個過程中，遊戲知名度會提高，特別是需要競爭排名、或者交換遊戲內道具等這類要素存在時，會以「玩遊戲爲中心」形成一個社交網絡，遊戲的使用者（user）也就容易增加。

不管是什麼樣的遊戲，如果沒有人玩、也沒有人評價，那當然是無法普及的。「免費」就是推廣這些遊戲的第一步，也就是要盡量降低使用者的進入門檻。

順帶一提，手機的主畫面能放的APP數量有限。對使用者來說，通常會把最常使用的APP放在主頁，對手遊的行銷來說，手機主頁的地位也可說是（他們的）黃金地段。其實不只是遊戲廠商，只要是有在做ＡＰＰ的公司，讓自家App被放置在用戶的手機主畫面上，是提升使用次數與使用頻率的關鍵。

創造收益的兩種方法

獲得使用者後，接下來最重要的就是變現，也就是以獲得收益爲目標的計畫。方法之一就是廣告。大多數的免費ＡＰＰ會透過刊登或置入廣告來獲取收益。

廣告主當然會希望盡可能讓更多的人看到自家企業的廣告，所以遊戲愈受歡迎、使用者愈多，就愈是企業投放廣告的首選，廣告收入也能因此提高。

獲得收益的第二個方法是ＡＰＰ課金（譯註：ＡＰＰ內付費購買）。原則上，遊戲都是免費的，但有一部分的進階服務、或者是遊戲當中的高級道具會向使用者收取費用。在行銷來說，這樣的商業模式叫做「免費增值模式」（Freemium Model），是由免費（Free）加上收費、高級（Premium）這兩個單字形成的造詞，提供基礎功能免費，進階功能則需付費。

如果遊戲本身很有趣，使用者就會增加，因爲要與其他玩家合作或競爭而花錢買道具的人也會增加。因此，增加使用者數量是最優先且必要的。爲了達到此目的，遊戲本身的門檻要盡量降低，讓用戶（消費者）可以直接免費下載遊戲、然後開始玩。

然而，免費下載最令人擔心的就是，新增的用戶都不消費。在遊戲方面，打定主意「只玩免費遊戲」「絕對不課金」的使用者是存在的。但像手遊這類網路內容（web content），若有五％的使用者會使用付費服務，而這部分收益便足以支持企業營運。

也就是說，即使有九五％的人不願意在遊戲中課金，只要可以建立起核心粉絲群（也就是其餘五％的人），就可以支撐一家企業。

更新很重要，能夠隨著使用者的反應更新——更重要

雖然無法帶來短期收益，但從中長期來看，企業可以透過ＡＰＰ的經營蒐集使用者數據，這也是一大優勢。

此外，由於ＡＰＰ是以數位形式提供，業者可取得用戶資料，透過使用者反應

智慧型手機的普及與遊戲市場的擴大

急速成長的手遊市場

出處：《Fami通手機遊戲白皮書2022》、行動內容論壇資料

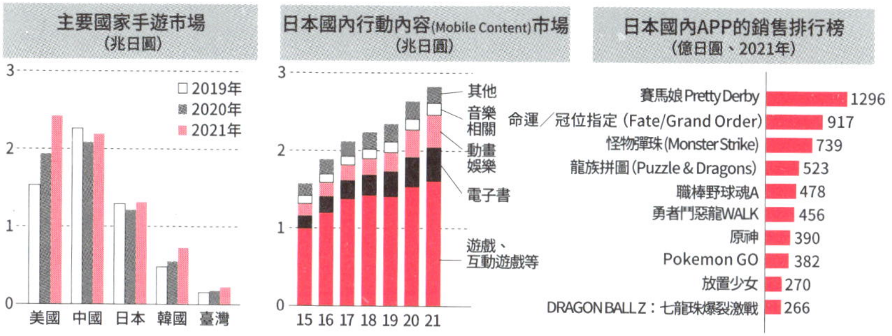
主要國家手遊市場
(兆日圓)
3
2
1
0
2019年
2020年
2021年
美國
中國
日本
韓國
臺灣
日本國內行動內容(Mobile Content)市場
(兆日圓)
其他
音樂相關
動畫娛樂
電子書
遊戲、互動遊戲等
15 16 17 18 19 20 21
日本國內APP的銷售排行榜
(億日圓、2021年)
賽馬娘 Pretty Derby 1296
命運／冠位指定（Fate/Grand Order）917
怪物彈珠 (Monster Strike) 739
龍族拼圖 (Puzzle & Dragons) 523
職棒野球魂A 478
勇者鬥惡龍WALK 456
原神 390
Pokemon GO 382
放置少女 270
DRAGON BALL Z：七龍珠爆裂激戰 266

遊戲市場呈現擴大趨勢，尤其是可以在手機或其他行動裝置上玩的手遊。許多熱門遊戲都可以免費遊玩，但透過內購，也能創造高達一千億日圓的營收。

進行問題分析，藉此改善遊戲設計或以此運用到後續的遊戲開發中。

與過去的紙本不同，APP這樣的數位內容，可以隨時更新，透過敏捷開發不斷提高其完成度。（譯註：敏捷開發爲一專有名詞，源自英文「Agile」，強調在製作遊戲時分階段小步驟進行，不斷回饋調整。快速迭代、靈活應變是其特色。）利用這一特徵，可以在不斷改進遊戲的同時逐步改善內容，並吸引更多玩家和粉絲。

不只是遊戲，事實上，這是所有數位內容的共通優勢。這種優勢或許也能應用在企業所提供的各類商品與服務上。

將免費與收費的內容分開，創造收入來源

出處：Funda

「免費增值模式」(Freemium Model) 是什麼？

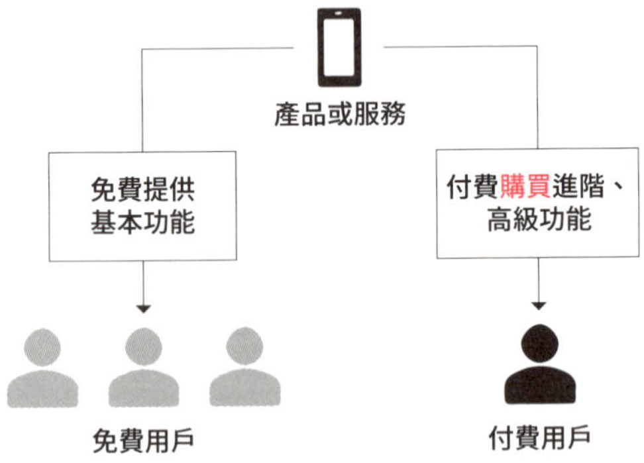
產品或服務
免費提供
基本功能
付費購買進階、
高級功能
免費用戶
付費用戶

免費使用者的限制

功能限制
免費版
無法使用
部分功能
使用上限
儲存空間
和免費使用
額度受限
顧客服務受限
只能使用免費
版本，無法使
用顧客服務功
能等限制

結合免費(Free)與收費、高級(Premium)概念形成的商業模式——「免費增值模式」(Freemium Model)，即是透過劃分免費與付費服務提升收益。透過免費服務擴大使用者基數，並從中提升付費用戶比例，以此增加收益。

4

透過提升品牌來控制消費者的心理

午休
咕嚕～
咕嚕咕嚕
耶？
咕嚕～
咕嚕咕嚕
不去吃午餐嗎？
平常都直接衝第一吧？
喝……
←白開水
那是因為啊……
之前我朋友生日……
呼……
我準備了禮物
聚會時又喝了很多好喝的紅酒
真的超級超級開心
吵鬧!!
不過這個月手頭超緊的…

確實，選禮物真的很困難呢～
太貴太便宜都很麻煩
這個沒問題啦！
我在SNS上蒐集到很多訊息！
網紅
♡萌茶子♡
粉絲有80萬人
萌茶子效果就是很夯！不管哪家店、哪種商品，都會一下子就賣光光！
SOLD OUT
♡萌茶子狂推♡
美妝
每人限購一款
雖然是要買來送人的，但我自己也想要!!
看她介紹後，我也覺得…好像不錯耶～
真的是完美地打中了消費者心理呢！
因為說是限量嘛…
咕嚕嚕～
啊
是說餓肚子的話，就沒辦法好好工作了吧！去吃午餐吧！
我請客
先生～！
太感謝了!!(泣)

4-1 爲什麼高級壽司店的預約都很滿？

消費者會想把自己的判斷正當化

如果你的店、你的產品，總是有無法提高顧客評價或滿足感的問題，原因可能只是：你賣太便宜了。

舉例來說，在銀座的板前壽司店，雖然價格昂貴，但總是預約滿滿。高級俱樂部同樣客人絡繹不絕，而這些客人們穿的衣服和戴的手錶雖然價格都很昂貴——但還是被賣得很好。

透過提高價格來提高滿意度的原因與消費者心理息息相關。

基本上，人們都會想把自己的判斷正當化、合理化。在昂貴的店家吃飯時，很容易產生「因爲這家店很貴，所以應該是不錯的店吧」。

此外，因爲要正當化自己的判斷，所以人們上網搜尋資料時，就會很重視「很

美味」、「太棒了」這類評價與評語，無視負面評語，反而會覺得（負評）「這些人是味覺白癡吧？」於是，在認爲「那家店最棒了！」的同時肯定自己的判斷，相對提升這家餐廳的評價與滿意度。

這在心理學上稱爲「確證偏誤」。**所謂的確證偏誤（Confirmation Bias），係指忽略其他可見線索，只是無意識地去蒐集符合自己信念的資訊，因而很難做出合理判斷的狀況。**

愈麻煩，愈滿意

要提高滿意度，不好預約是一大重點。人們爲了某個事物花錢時，考慮的成本不只是金錢，還有取得這樣事物的麻煩程度與勞力。

即使商品或服務質量相同，但比起可以簡單用錢買到的，得花功夫才能弄到手的要更有價值，所以當我們預約到很難預約的餐廳，用餐的滿足感也會大幅提升。

SNS上也時常出現確證偏誤，因爲在SNS上，與志同道合的人交流的情況

因爲確證偏誤而只聽符合自己想法的情報

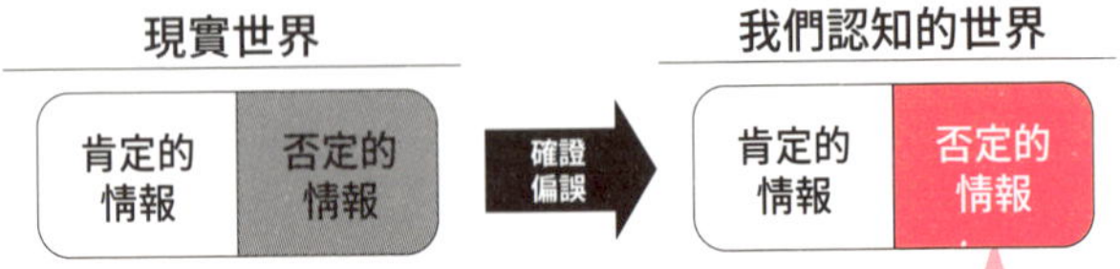
現實世界
肯定的情報
否定的情報
確證偏誤
我們認知的世界
肯定的情報
否定的情報

確證偏誤會讓我們只去看、去認可肯定自己信念與意見的情報，而難以認知否定的訊息；這樣的偏誤幾乎是無意識中造成的。

要眞正地「客觀」觀察世界，幾乎是不可能的事

人們會在無意識中收集符合自己想法的情報。由於拒絕或否定不符合自己想法的資訊，因此在主觀意識上產生歪斜。

顯著增加，因此人們也會因此更深信自己的觀點是正確的。這又被稱爲同溫層效應（Echo Chamber）。

而像SNS這樣充滿同類的環境，更容易讓人們鞏固並強化自身想法的正當化。

4-2 為什麼電視購物的商品都要限量？

難以獲得才是價值所在

深夜的電視購物常常會把「限定」這兩個字搬出來。這是打動消費者的魔法咒語。電視購物為什麼通常都會限定販售數量？因為這麼做，可以刺激人們「想要」的慾望。

特別是對常常覺得「不喜歡跟大家一樣」、「好無聊」的人來說，限定具有一定的吸引力。結果就是這樣的人特別容易被稀少且昂貴的限定商品誘惑，商品變得更好賣。這就是所謂的虛榮效應（Snob effect）。

除了電視購物外，其他行業也會透過這樣的心理進行促銷。像是受歡迎的拉麵店，會說自己的店「高湯賣完就休息」，服飾店也是，人氣商品再加上不知道什麼時候才會進貨，就會有許多客人趕緊預約。

總之，**「很難弄到手」本身就是價值所在，輕易就讓想要入手的人增加，使人排除。而愈是排除，愈是需要等待，話題也就燒得愈熱。**

單價會提升，利潤會增加

若「限定」使得消費者開始排隊、甚至衍生話題，除了商品或服務本身的銷售額提升之外，也會產生其他額外的市場效益。

當數量被限定，銷售總數量也是固定的，如此一來，賣不完的風險也會降低。另外，如果限量品全都賣光光，也更可以精確計算銷售額。

雖說「售罄」也代表會錯過提升收益的機會，但如果知道這個品項就是會賣完，不需要特別降低定價，甚至可以因爲受歡迎而調漲售價。如果要讓收益更穩定，這是非常重要的操作重點。

考量成本的話，這個做法也能輕鬆降低行銷費用。得到難以入手的物件，很多人都會爲此感到得意，爲了向朋友們炫耀而想要貼到SNS上。如此一來，企業在

各式各樣的「限定」會提高商品或服務的稀有度

「限定」的訴求模式		概要
限定發售期間	期間限定	載明限定期間
	季節限定	如春季限定、秋季限定等
限定發售數量	數量限定	如限定數量販賣、限定出貨、限定釀造等
	商品限定	如限定品項、限定口味、限定增量等
限定購入場所	地域限定	載明特定區域的限定商品
	通路限定	限定超商販售
限定紀念		載明○周年紀念商品；紀念周年限定發售之商品
限定包裝		限定外包裝設定
限定		只載明「限定」的商品

「限定」爲賣點企劃，在行銷來說，除了數量上的限定外，還有季節或地域方面的限定形式。想出讓消費者覺得「想買」的限定方式，是非常重要的事。

輕鬆省下廣告費之時，仍能有效宣傳商品或服務。此外，庫存管理成本也會隨之降低。

也就是說，這種**透過定價銷售或漲價等無需降價的販售方式，不僅能提升利潤，同時降低與銷售相關的成本，使企業更容易增加收益。**

4-3 爲什麼網紅行銷會如此引人注目？

刺激想要趕上流行的心理

透過網紅進行商品或服務推廣的企業正日趨增加。根據SNS的市場調查（Digital Infact數據）可知，二〇二二年時網紅行銷市場市值約六百一十五億日圓（約新臺幣一百三十五億三千萬元），預估到了二〇二七年時，市值會成長到現在的兩倍。

網紅行銷之所以有效，主要是在刺激像是「我想要流行的東西」、「不想被趨勢拋棄」這樣的心理。

這種心理就是所謂的**從衆效應**／**花車效應**（Bandwagon effect）。珍珠奶茶店之所以會流行起來，其實也是因爲從衆效應的影響。

只是，並非所有的人都會因爲網紅的推廣而被打動。容易受到影響的，大多是特別關注流行或在意周遭意見的人；這個階層在市場上通常被歸類爲早期大衆或晚

期大眾。

銜接市場的機能

因應新商品的發售與發售後的反應及接納速度，消費者可以依照**創新擴散理論(innovator theory)**被分爲五種類型：創新者、早期採用者、早期大眾、晚期大眾、落後者。

新商品一發售，就可以找出其價值的御宅族（創新者）會先出手。接著，就是評價商品機能的人（早期採用者）開始向周遭推廣。在這個理論中，網紅便是早期採用者的角色，他們負責介紹並推廣商品。

在這之後，商品透過介紹，觸及到市場主體（早期大眾／晚期大眾）。當推廣程度到這個階層後，商品幾乎是完全進入市場，市場中也包括完全不表示關心的保守群眾（落後者）。

在這裡最重要的是：網紅行銷對於早期大眾和晚期大眾階層具有顯著效果，但

創新擴散理論——新商品被消費者接受的順序

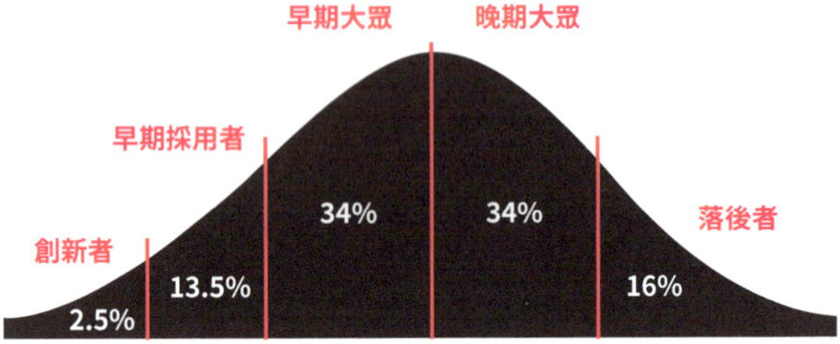
早期大眾
晚期大眾
早期採用者
34%
34%
落後者
創新者
13.5%
16%
2.5%

就市場行銷來說，早期採用者認可的商品與服務，要讓消費者的主體(早期／晚期大眾階段)接受，仍有一定難度(這就是所謂的鴻溝，存在於早期大眾與晚期大眾之間)。因此，將商品與市場連結起來的人，就是網紅。

對於創新者和落後者則影響有限。**換句話說，對於那些深受小眾愛好者喜愛、但尚未被大眾熟知的商品，將這些商品成功連結到市場主體的關鍵，正是網紅的推廣。**

4-4 大企業爲什麼投入鉅額資金，卻砍電視廣告預算？

愈值得信任，就愈好賣

人們在做出判斷時，通常會根據多重因素進行考量。即使是在購物時，不會僅依照商品機能或外觀來判斷，而是根據多方面資訊爲基礎來決定購買與否。

在這些要素當中，對消費者造成莫大影響的是信用。這也是大企業花錢在電視或報紙上打廣告的原因。**透過大眾媒體獲得消費者的信任，是一個有效手段。**

從消費者的視角看，能夠在大眾媒體買廣告的企業更值得信賴。基於這種安心感，選擇這些大企業的商品或服務的消費者就會變多，市占率與業績也會提升。

這就是心理學上的「**光環效應**」，又稱爲「月暈效應」（Halo Effect）。「Halo」可以指太陽或月亮周圍由大氣中冰晶形成的光環現象，也可以指繪製在東方神佛或西方聖人頭上的光冕。對消費者來說，「可以在電視上看到這家企業的廣告」，「出現

大篇幅的報紙廣告」，就能帶來對企業或商品的正面影響（即企業或商品的「光冕」）。

此外，有些廣告也會起用有名的公眾人物。這會讓消費者覺得「如果那個人也在用，我也可以安心使用」。由於光環效應來自於權威，所以商品的文案中常見「專家推薦」、「銷售第一」，就企業來說則是「在市中心有辦公室」、「員工很多」、「接了大企業的案子」，這些資訊都可以產生光環效應。

更容易聚集人才與夥伴

更進一步說，透過光環效果提升信用，除了提升業績，還有其他的優點。

企業的資源不外乎人、商品／服務與金流。首先，**企業的信用愈好，就愈容易吸引優秀人才**。在徵人時，愈是知名的企業，應徵者就愈多，也愈容易找到、錄用優秀人才。企業之間的往來也是，信用愈好的企業，愈能讓其他企業覺得「與這家公司合作讓人放心」、「可以相信那家企業」，因而更容易聚集企業夥伴。

關於金流與商品，是指**企業的信用愈好，就愈容易從銀行融資**；接下來就可以透過銀行的資金擴建產線、增加僱員，提升產品的品質與產量。

也就是說，**信用是企業活動的開源。持續提升信用感，可說是大企業的競爭優勢。**

健全的企業會更有利的時代

從稅務的觀點看，信用價值是沒有被記載在財務報表中的。與現金或土地這樣的有形資產不同，信用無法以肉眼看見，也就是無形資產。然而，這樣的資產，其價值會隨著時間而逐漸提升。

譬如企業的法遵（譯註：compliance，又稱爲合規或守規，指能遵循法令要求去執行）成爲人們關注的焦點。若是企業扭曲不正，或是商品出什麼狀況，都可能因此引起拒買運動，業績也會下滑。企業若有違反法規或涉及逃稅等犯罪行爲，導致無法讓其他企業或消費者感到安全與信賴，也可能因此面臨倒閉的風險。

此外，隨著近年來進入SDGs時代，企業不僅要重視商品本身的價值，還需關注生產過程中是否破壞自然環境以及是否強迫勞工在惡劣環境中工作，這都會影響商品評價。如果企業活動出現問題，會立即透過SNS迅速擴散。這些都是與信用相關的問題。企業應該重視消費者與客戶對其信任，並致力於堂堂正正地推動清廉透明的企業活動。

表面價值會提升商品價值

眞正應該評價的重點
（本質）
評價
有名大學畢業
Halo
（光環）
擁有數張證照
帥哥
與評委有交情
工作本身

商品或服務的價值有時會因廣告的方式而在認知上產生扭曲。當人們覺得（似乎）可以信任時，就會更感到安心，銷售也更容易。

換句話說，**遵守社會規則，活動也正當健全的企業，將其作爲號召力，就能獲得其他企業的信任。**

信用是無法用錢買到的。但「好像可以安心使用」，「感覺起來很安全」，這樣的印象是可以透過廣告建構的。

企業透過廣告活動，不僅能創造營收，而若請公衆人物擔任代言人，那麼就會間接讓人產生因具有的社會地位足以邀請某某人物來代言（廣告）的印象，進一步增強了企業的信任感。大衆媒體廣告正是用來塑造這種信任感的手段，因此大企業願意爲廣告投入大量資金。

法遵的概念

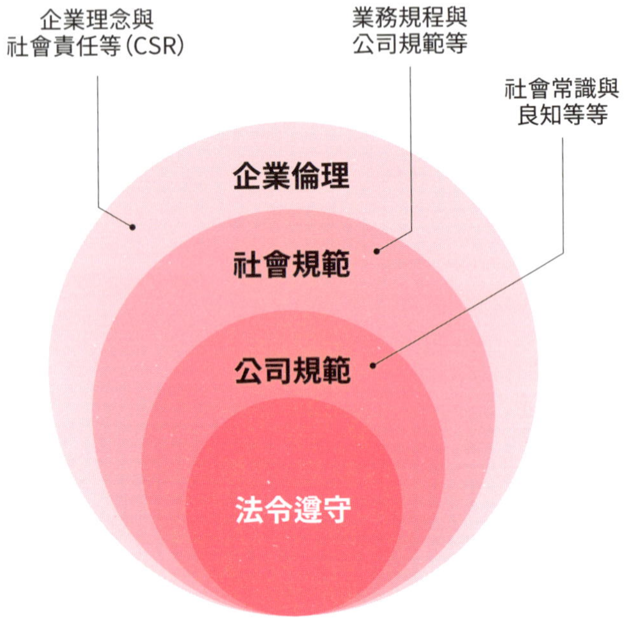

企業理念與
社會責任等（CSR）
業務規程與
公司規範等
社會常識與
良知等等
企業倫理
社會規範
公司規範
法令遵守

Panasonic的創辦人松下幸之助的名言之一是：「企業是社會的公器」。但最近很多企業的法遵意識都很低，覺得「有賺錢就好」，因此時常導致在SNS被炎上，甚至造成經營危機。

4-5 手機的合約爲什麼複雜到難以理解的程度？

討厭變更帶來的困擾

無論是爲了提升市占率，還是爲了防止市場被其他企業奪走，**轉換成本（Switching Cost）**是所有企業必須重視的概念。所謂的轉換成本，是指因更換或變更（Switching）而產生的各種成本，以及人們希望避免這些變更帶來的困擾與不便的心理。

手機市場正是轉換成本的典型案例。過去，日本的手機市場由三大電信公司壟斷，使用者也不會輕易更換服務商。但隨著行動電話號碼可攜服務的推出，使用者可以保留原有的手機號碼，使得在三大電信公司之間的轉換變得更加容易。此外，隨著大型電信公司旗下的子品牌開始提供便宜的手機服務，三大電信公司壟斷市場的局面也開始發生變化。

結果就是手機通話費的平均金額開始降低，但另一方面，其實也有人持續支付高額月租費用。因此從契約數據來看，三大電信公司依然保有主要市占率，而便宜手機的使用者僅約占兩成。

大者恆大的原因：轉換成本過高

轉換成本的特徵是：每個人對成本負擔的感受各不相同。譬如若是電話費五千日圓（約新臺幣一千元）、交通費一萬日圓（約新臺幣二千二百元），這些都是可以數據化的成本，並且大多數人都能輕易理解。

另一方面，轉換成本的狀況則是心理負擔為主，難以量化。譬如有些人不擅長操作手機、或者是因為忙而覺得麻煩；相對地，熟悉手機功能的人，無論是在網頁上完成簽約、或者是重新裝設ＳＩＭ卡，都可以輕鬆完成。

這種負擔的程度和差異無法量化。因此，對提供服務的企業來說，是其用來鎖定用戶的關鍵策略之一。

最重要的是：**當換電信商的手續愈複雜，不熟悉手續的用戶愈多，轉換成本就愈高，電信商也愈容易留住用戶。**

因此，對電信商來說，爲了留住用戶，轉換手續愈複雜愈好。事實上也是如此。大型電信商的服務，往往會涵蓋家庭共享折扣、長期用戶折扣、家用網路方案優惠、電費優惠等其他內容，有時甚至會綁定信用卡或集點卡折扣，導致用戶的各種優惠方案日益複雜化。

一旦更換電信商，隨之而來的就是各種附屬的服務合約也得重新來過，總之就是非常麻煩。轉換成本因此提高，許多用戶的心態就會抱持「雖然有點貴，但換電信商太麻煩了，就這樣繼續用吧」的心態。

降低成本後的回報豐厚

新企業要如何從大型企業手裡搶到客戶？此時，新企業提供的優惠一定要能夠讓人可以克服怕麻煩的心理。有三個方法可以達成這個目標。

第一個方法是價格優惠，如果比原先使用的服務便宜很多，覺得「雖然很麻煩，但還是換過去比較划算」的顧客也會增加。

第二個方法是讓換電信商的手續變簡單，任何人都可以快速完成。所以有些新的電信業者會主動替顧客處理手續，藉此讓顧客覺得「也沒這麼麻煩嘛」。

第三個方法是要製造顧客原先的電信商缺乏的吸引力。就算換電信商很麻煩，但要換過去的新電信商有獨家服務，顧客就會覺得「雖然很麻煩，但還是換過去吧！」此外，為了達到這個目標，還可以廣發樣品、或者是提供免費體驗期，讓消費者親身感受到產品或服務的魅力。

一旦跨越轉換成本的阻礙，就能帶來長期的收益。例如，在手機市場中，許多用戶在同一家電信商使用超過十年，這也意味著企業可以在十年間獲得收益。換句話說，透過鞏固用戶，電信商的收益將更加穩定。

這樣的回報相當可觀。因此，制定有效策略來克服轉換成本的阻礙，其效果也非常顯著。

「眞麻煩」——換電信商的心理障礙

不選的理由

大型電信商

(n=356) 單位：人　※可複選
※以大型電信商用戶爲對象

1位	變更太麻煩了	255
2位	對通訊感到不安	161
3位	周邊的人沒在用	84
4位	對安全面感到不安	69
5位	對機能感到不安	67
6位	不信任該公司	42
7位	客服不足	40
8位	總之不想用	34
9位	品質不好	30
10位	沒有想用的手機機型	25

便宜手機

(n=144) 單位：人　※可複選
※以便宜手機用戶爲對象

1位	費用太貴	136
2位	變更太麻煩了	18
3位	方案不多	15
4位	印象不好	10
5位	不信任該公司	7
6位	沒有想用的手機機型	6
7位	對通訊感到不安	2
8位	品質不好	2
9位	周邊的人沒在用	2
10位	總之不想用	2

選擇的理由

大型電信商

(n=356) 單位：人　※可複選
※以大型電信商用戶爲對象

1位	用習慣了	249
2位	家人、認識的人都在用	164
3位	通訊很穩定	87
4位	家裡的網路也綁這家	74
5位	信賴該公司	71
6位	品質很好	48
7位	印象很好	45
8位	客服很好	44
9位	總之就是用了	40
10位	安全面令人放心	29

平價手機

(n=144) 單位：人　※可複選
※以便宜手機用戶爲對象

1位	費用便宜	137
2位	家人、認識的人都在用	29
3位	方案很多	27
4位	用習慣了	17
5位	通訊很穩定	14
6位	家裡的網路也綁這家	10
7位	印象很好	8
8位	總之就是用了	7
9位	品質很好	6
10位	有想用的手機機型	5

雖然行動電話（智慧型手機）在通話費與基本費的平均費用上都在降低，但還是有一定的數量的使用者覺得「眞麻煩」「用習慣了」，「總之就是這樣用」而繼續支付高資費。

出處：GVI〈まねーぶ調査〉大型電信商vs平價手機，市占率No.1是哪家？

心理負擔也是成本的一部分

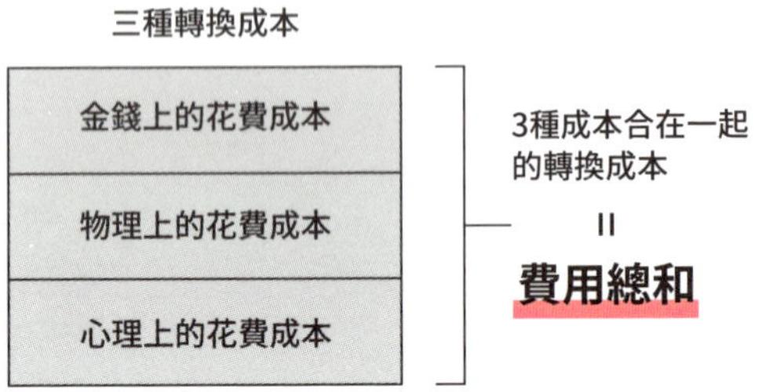
三種轉換成本
金錢上的花費成本
物理上的花費成本
心理上的花費成本
3種成本合在一起
的轉換成本
=
費用總和

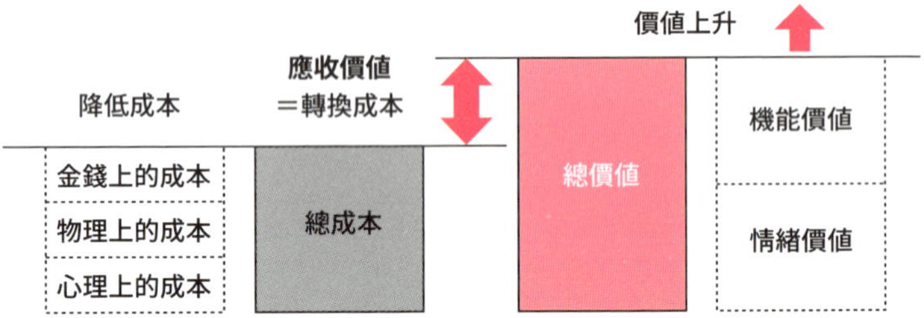
價值上升
應收價值
=轉換成本
降低成本
金錢上的成本
物理上的成本
心理上的成本
總成本
總價值
機能價值
情緒價值

成本	心理因素
搜尋成本	不想負擔自行搜尋目錄上的產品或服務而產生的成本
學習成本	之前學到的商品、服務的使用方法，如果非得要轉換成新的商品或服務時，會產生負擔
累積投資成本	在此之前持續購買、使用的商品或服務，所累積的優惠(如集點卡)無法再使用
建構關係的成本	在此之前持續建構的銷售關係。銷售關係要從〇建立的話相當花時間，而且也想避開重新建構人際關係的心理負擔

如果要更換電信商或手機機種，所花費功夫也是成本之一。如果要在商業競爭中提高市占率或是爭取到新客戶，就要降低轉換成本；而如果要鞏固既有客戶，則要提高轉換成本。

4-6 養樂多媽媽如何維繫與顧客之間的關係？

「對話」可以提升滿意度

人如果反覆接觸某個人或事務，就會產生感情，也能提升印象與好感度，當然也能夠提升關注度。這就是**「重複曝光效應」(Mere Exposure Effect)**。

「訪問銷售」正是這種心理效應的絕佳應用。其中，養樂多媽媽是很好的例子。在日本，養樂多媽媽約有三萬人，她們走訪企業和家庭，在日本全國展開銷售活動。訪問銷售的關鍵在於：透過「人」的介入產生超越商品本身的附加價值。以辦公室爲例，擺一臺自動販賣機直接賣養樂多顯然更省成本。

但是，像這樣直接使用機器的無人銷售，雖然可以做生意，但沒辦法提出提案或進行對話。這就是養樂多媽媽的訪問銷售一個重要的差異化特質。

譬如，養樂多媽媽可以透過對話，與簽約的企業社工建立良好的人際關係。若能進行與腸胃健康有關的對話，就有機會推薦其他適合的商品，進而賦予養樂多媽媽類似個別健康諮詢的新價值。

就簽約的一般客戶而言，獨居的高齡者總是希望能有更多互動對象。也由於這些高齡者多少會對自己的健康狀況感到不安，從這一點來說，透過對話與訪問銷售，不僅能提升顧客對養樂多媽媽的信任，也能提升對產品與服務的滿意度。

人，就是差異化的關鍵

透過與企業客戶或一般訂戶的溝通，養樂多媽媽能夠了解他們的需求與面臨的問題。這與自動販賣機不同，自動販賣機只能進行單向溝通，養樂多媽媽則不然，透過這些女性的雙向溝通，企業得以與消費者緊密互動。

展望未來，日本將面臨人口持續減少與勞動力不足的挑戰，各種服務也將透過ＡＩ加速機械化與自動化。因此，在這樣的環境下，人際間的溝通將更加珍貴，並成爲一種創造價值的重要手段。

接觸次數與好感度成正比

重複曝光效應

業務
跑了好幾趟
來我這裡呢～
戀愛
最近常常
遇見呢～
啊，又寫mail
給我了！
電子報
常看到的
banner，
終於點進連結了
網路廣告

接觸次數愈是增加，就愈感覺親切，也愈有好感。如果要增加粉絲，最好透過各種方式增加接觸機會，提高接觸頻率是很有效果的。

有些事只有人才能做到，而對話正是其中之一。**透過溝通贏得對方的信任，建立人際關係，將成爲未來社會中愈加重要的技能，這也將會成爲企業特徵，成就競爭中的差異化優勢。**

4-7 觀光勝地的土產店如何賺到錢？

金錢價值觀產生變化

很多人在旅行時都會變得慷慨大方。即使是平常很節省的人，也可能有過這樣的經驗——旅遊回來後，看著買來的土產懊悔不已，心想：「我爲什麼要買這種東西？」

像這樣買的時候很開心、回來後卻覺得懊悔的心理波動，背後的原因其實來自於**心理帳戶（Mental Accounting）**。簡單來說，就好像大腦裡有個會計在幫你管帳。在花錢時，對「金錢價值」的感受會因當時的情境和心理狀態而改變。而在賭博中獲勝、或是意外得到一筆收入時，人們也常會不小心揮霍浪費掉。

對錢的感覺會隨著使用的時機而改變

100日圓 200日圓
100日圓有點貴，我有點猶豫……
1,000日圓 1,100日圓
出來旅行嘛，吃1100日圓的好了！
錢是辛苦賺來的，要謹慎一點花
賽馬贏了！我要花錢！

工作賺來的一萬日圓，與賭博贏來的一萬日圓，因爲賺到手的背景不同，所以雖然同樣都是一萬日圓，但在心理感受上產生價値差異。當人們開始花錢時，往往是因爲周遭的環境本來就讓人更容易花錢。

人的判斷並不總是合理的

就銷售方的角度看來，客人愈容易出手大方，業績愈有可能提升。從這一點來看，觀光勝地的土產店確實比較容易確保業績，也比較容易賺到錢。

約會用的餐廳與婚禮宴席也是一樣的道理，因爲若在這些情境下還想著要省錢，會被視爲吝嗇、不識大體——消費者容易在這些地方、這些時候消費時變得大方，餐廳與婚宴會館當然也更容易衝高業績。此外，由於旅行時間有限，消費者會產生「必須在有限時間內盡可能享受」的焦慮，以及「難得來了，就一定要充分體驗才行」的使命感——這也讓他們更容易放開錢包」。

相反的，在購買日用品、關於每天的餐費，或支付每月的水電瓦斯費這些與生活相關的費用時，消費者在心理上就會比較想要省錢。因此，爲了打造讓消費者更容易花錢的情境，營造特別感是一種有效手段。專門銷售日用品的超市進行折扣、或者是餐廳的生日特別優惠，都會因爲特別感而讓人更容易消費。

有時，人們表面上看似理性思考，卻也時常做出顯然不符合理性的行爲。作爲銷售方，我希望大家可以記住：**消費者的錢包，在有特別感的時候容易打開；至於缺乏特別感的平日，則會關得很緊。**所以，特別感、興奮感、焦慮感，都是特別容易讓心理產生動搖的狀況，也是提升業績的好時機。

4-8

偶像長得不美不帥居然可以紅？

狂熱粉絲會創造收益

如乃木坂46等由多位成員組成的女性偶像團體大受歡迎。回顧過去，AKB48、早安少女組、小貓俱樂部等女團也曾擁有極高的人氣。

這些團體的共通點在於，每位成員各自擁有熱情的粉絲，而這些粉絲的集合，最終形成整個團體的粉絲群。

最近，人們將支持自己喜愛的偶像稱爲「推活」，也稱做應援，來自追星文化，這種行爲已逐漸普及。現在應援的對象不限於偶像，已逐漸拓展至演員、聲優、動畫或漫畫角色、運動選手等等。

「應援」成爲生存價值

推活的市場動向

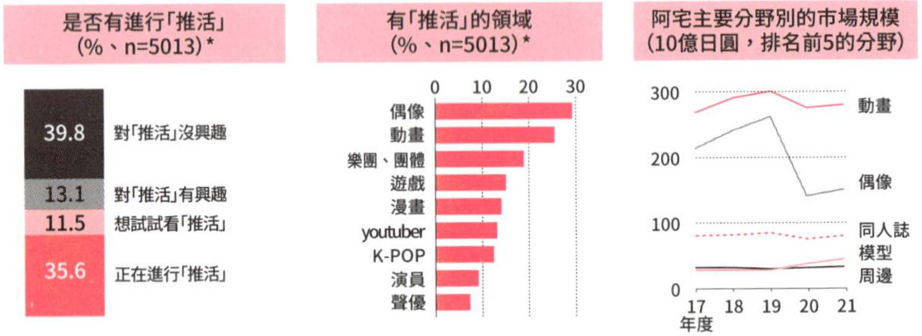
是否有進行「推活」
(%、n=5013)*
39.8
對「推活」沒興趣
13.1
對「推活」有興趣
11.5
想試試看「推活」
35.6
正在進行「推活」
有「推活」的領域
(%、n=5013)*
0
10
20
30
偶像
動畫
樂團、團體
遊戲
漫畫
youtuber
K-POP
演員
聲優
阿宅主要分野別的市場規模
(10億日圓，排名前5的分野)
300
200
100
0
17
18
19
20
21
年度
動畫
偶像
同人誌
模型
周邊

出處：日經MJ，2022年1月、日經Cross Trend，2023年1月13日，矢野經濟研究，〈『宅』市場相關調查（2021年）〉

隨著興趣愛好的多樣化，「推活」（即喜愛、支持的對象）也逐漸擴展至各個領域。透過應援行動，人的認同欲求（即生活中希望被滿足的需求之一）得以實現，使人生更加充實。

應援的快樂很眞實

推活的原動力來自應援的心情。不只是被他人應援時，連帶爲別人應援時也會感受到喜悅。**當自己進行應援時，若能切實感受到自己的行動對推崇對象（偶像）的成長或成功產生影響，便能從中獲得喜悅。**

例如購買附有投票券、可參加人氣投票的CD，當投下自己的一票後，看到偶像的排名上升時，就會感覺到「啊我的努力奏效了呢！」**經由對自己喜歡的人表達貢獻，重新認知到自我存在價值。這在心理學上稱作自我效能感（Self-**

efficacy）。

而要更進一步追求自我效能的人，就會買好幾張附有投票券的CD。有些人甚至會削減自己的生活費，只為了投入更多金錢到推活當中。有些女性為了牛郎俱樂部那些長得很帥的男公關開上昂貴香檳——這也可以算是推活的一種。**那些砸錢最多、提供最多支持、對偶像在排名上產生極大助力的粉絲，會被自己的偶像記住、認可或感謝。這時，不只是自我效能，連帶周圍的人也會認知到自己的存在，從而滿足自己的社會認同需求。結果當然就是更願意、更有熱情投入推活。**

粉絲的支持對偶像來說很重要，同等地，獲得支持者對企業經營而言同樣至關重要。例如，開發新商品的背後，可能蘊含著企業希望透過該產品讓社會變得更美好的願景。作為企業理念，可能希望為社會、未來、業界做出貢獻。當企業的理念與願景成功傳遞給消費者，能夠產生共鳴的人便會出現，支持者也會隨之增加。而希望支持企業成長的人們透過實際行動進行應援，商品也更容易銷售。

專欄 2

在稅理士業界生存之道

我從二十六歲開始在我父親的稅理士事務所工作，二十九歲時考上稅理士。

在此同時，我也隸屬於地方的稅理士會，也從許多前輩處聽說「所謂的稅理士就是……」的教誨。我的前輩中有許多人都擁有高學歷，而與這些前輩交流後，我常常會覺得，「這跟我想像中的、理想中的稅理士不一樣！」

我一直認爲稅理士應該是中小企業在經營上的支援者或顧問。然而，顧名思義，稅理士是稅務的專家，但不是經營的專家。比較可惜的是，大多數的稅理士並沒有眞心想爲客戶公司的成長或發展做出什麼貢獻，而大多數的稅理士只是行禮如儀地完成客戶委託的記帳與申報業務。

我對稅理士業界多少感到失望，因此開始了摸索自己應該走什麼樣的路。在這個業界，學歷高、頭腦聰明的人很多，像我這樣沒有什麼像樣學歷的人，要怎麼存

活？如果是單純的正面對決，我大概不會贏。於是我開始思考，應該找出其他稅理士尚未涉足的領域，並在這個領域發展立足。

其實，這種想法是我在小學和國中時期踢足球時產生的。小學時，我在班上的個子最矮，腳程也不快，踢球的力量也不足，可以說在體能上我沒有什麼優勢。

但即便如此，我仍總是能在年長球員爲主的隊伍中擔任先發，並作爲主力得分球員。教練常常稱讚我「菅原的站位概念非常出色」。其實，站位、定位，可說是我的強項。當時參加足球比賽時，大家總是會一窩蜂地圍向球。但我則保持距離，選擇站在較遠的位置。

在那時，球經常會從擠成一團的選手群中突然飛出來。而當球飛向我的方向，我的必勝模式就得以發動。我可以一個人帶球攻入對方的陣地，直奔球門射門得分。

總之，在沒有對手的地方找到定位，機會來的時候，就可以跳過競爭，直接射門得分。

我眞正想做的工作，其實是中小企業的經營顧問。我想要成爲精通稅務的經營顧問，我希望自己的事務所不要主打稅理士業務，而是以經營顧問爲主，幫助中小企業發展。

雖說好像也是有其他稅理士朝這個方向努力，但實際這樣做的人幾乎沒有。也可以說，那就沒有競爭對手了。我認爲客戶會非常高興，爲了滿足顧客，除了稅務外，我也拚命學習與經營相關的知識。

我深深陷入這個理想，我每天堅持更新部落格，這在業界內相當罕見，並因此獲得了稅理士部落格排行榜的第一名。在開設YouTube頻道後，短短一年內粉絲就成長到三十八萬人。

這樣的努力也爲我帶來回報。諮詢蜂擁而至，每天都有。到現在，我已經成爲一名稅理士兼經營顧問，並有數百人排隊等待與我簽訂顧問合約。

5

從成本思考增加利益的撇步

事務所附近的咖啡廳
這個拿坡里義大利麵好好吃喔～！
維也納香腸也很好吃！
對吧？
我第一次在這裡吃午餐！
不過，之前這邊的菜單好像還沒這麼多耶？
?
—MENU—
・咖啡(ICE/HOT)
・咖啡歐蕾
・卡布奇諾
・奶茶
・哈密瓜蘇打
看來幾乎都是飲料……
妳臉上沾到醬汁了啦
直到最近，大家才在餐點上下功夫呢
菅原先生很清楚呢
耶～
那當然

我很喜歡這裡的咖啡，所以有買這邊的月訂方案，每天都來喝
咦？
咦？咖啡廳也可以月訂嗎？
好好奇！
其實啊，不管是咖啡廳在餐點上下功夫，或是咖啡的月訂方案，都是企業戰略的一部分喔
鏘——
啊！請幫我續杯♪
原來如此！
我也喜歡喝咖啡！那我也來買月訂方案看看～

5-1 GAFA爲什麼一直以來都很重視訂閱服務？

任何商品都可以訂閱

如果希望業績趨向穩定，訂閱服務（訂閱制）是一種可行的手段。就商業趨勢來說，「訂閱制」近年來極爲流行，不過，若說是定額制服務，這種模式其實早已存在。譬如健身房的會員費或報紙訂閱，都是訂閱制的典型案例。我們的業務範圍——像是企業的稅務支援或是經營顧問，也是每月收取固定的顧問費並提供支援，說起來也算一種訂閱制。

訂閱制可以省下物流與庫存管理的成本與麻煩，分發或提供負擔較小的數位內容就很適合訂閱制。

不過，我覺得「不論什麼樣的商品都可以轉爲訂閱制」。事實上，最近也的確是各種產品都在朝向訂閱制發展。

有透過定額訂閱即可使用的餐廳訂閱制，也有可以租借名牌精品或高級車的訂閱制。我的熟人甚至使用別墅的訂閱制，每個月支付固定費用，他就可以到日本全國各地的別墅度假。

訂閱制，是一種客戶支付每個月的契約費用累積爲業績的中長期商業模式。很多企業會基本上將每個月的契約費用設定得較便宜，隨著繳納費用的時間增加，藉此累積長期化的總額收益。這個總收益又稱爲**LTV（Life Time Value，顧客終身價值）**。也就是顧客與企業之間的商業往來，是以終身爲單位來計算能夠獲得的商業價值。

如果是很方便又吸引人的服務，就會讓人想長期使用。另外，與生活息息相關的服務，也會讓人想長期使用。若能夠透過訂閱制契約綁住這些需求，LTV就會提升，收益也會增加。

爲了轉型爲具有穩定性的商業模式，企業紛紛積極推動產品與服務的訂閱制轉型。而市場上的訂閱者們也持續增加。

讓收益更穩定的方法

若更進一步深入探究，透過訂閱制轉型的商業模式變革，可說是從流動型（Flow）模式轉向累積型模式（Stock）。

所謂的**流動型模式，是利用單次使用或契約確保收益。**這樣的商業模式，可透過大筆合約一口氣提升收益。但若未獲得契約或交易，收益就會減少。

珍珠奶茶店就屬於這樣的商業模式。流行的時候收益很好，熱潮過去後完全不同。

另外一方面，**累積型模式則透過長期契約確保穩定收益。**雖然不會像流動性模式那樣一口氣賺進大量收益，但收益驟減的風險卻相對較低。

如果能在接下來的幾年都持續獲得收益，那麼就能夠平損包括服務開發等相關成本，之後就可以持續獲利（純收益）。

Netflix 等企業就是透過這個模式成長，被稱爲 GAFA（Google、Apple、Facebook［Meta］、Amazon）的美國龍頭企業，也一直專注於透過訂閱制建立收益模式。

將超過損益兩平點的收益（即利潤）投入製作新的內容，讓服務更有魅力，如此一來，就可以降低解約率，甚至增加新訂閱用戶。

當服務的吸引力提升時，企業就可以推出像是 Amazon Prime 或 Kindle Unlimited 這類價格較高的高級會員服務，透過提高顧客單價來進一步增加收益，這便是所謂的追加銷售（Upsell）。

減輕經營的不安

當收益趨於穩定，不但可以輕鬆預測未來的業績，連投資也會變得沒有那麼困

透過商品與服務的循環產生收益

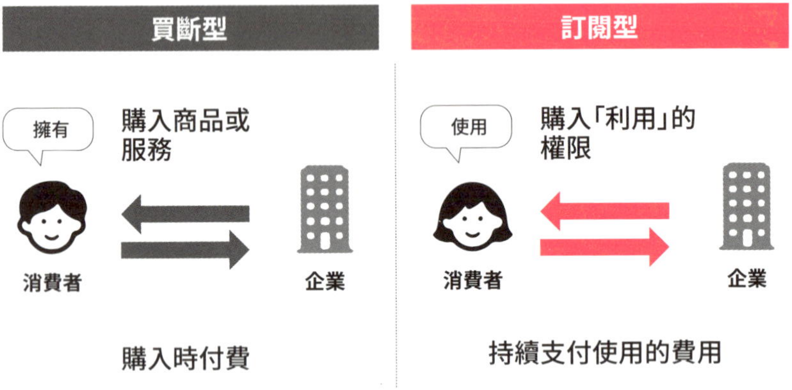
買斷型
擁有
購入商品或服務
消費者
企業
購入時付費
訂閱型
使用
購入「利用」的權限
消費者
企業
持續支付使用的費用

難。金融機構的評價會變好，資金籌措變得更加容易。這些因素都有助於持續經營的實現。

此外，精神上的不安也能獲得緩解。在流動型的經營模式下，就算這一季收入達到十億日圓，但下一季會怎麼樣，根本沒人知道，會一直忍不住去想有關收益的事。

相對而言，累積型模式的收益，變動的幅度要小得多，不太需要去擔心，可以專心改善既有的商品與開發新商品。

綜合這些優勢，可知訂閱制能爲企業帶來許多好處，因此許多企業開始思考，是否應將單次銷售的商品轉爲訂閱制。

收益的波動很小，穩定的經營

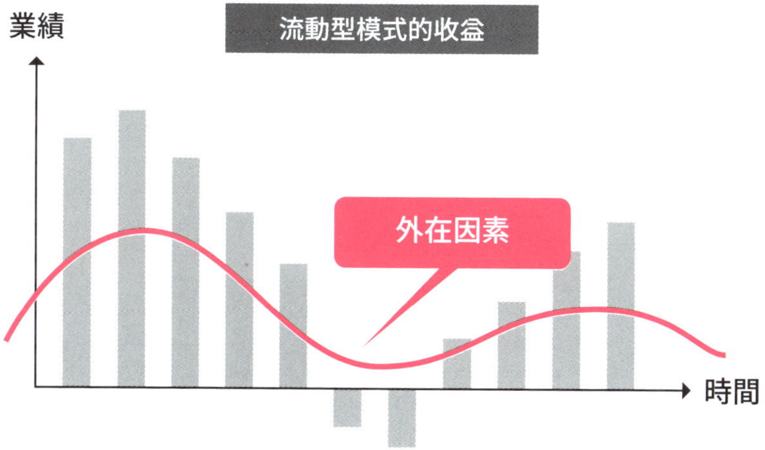

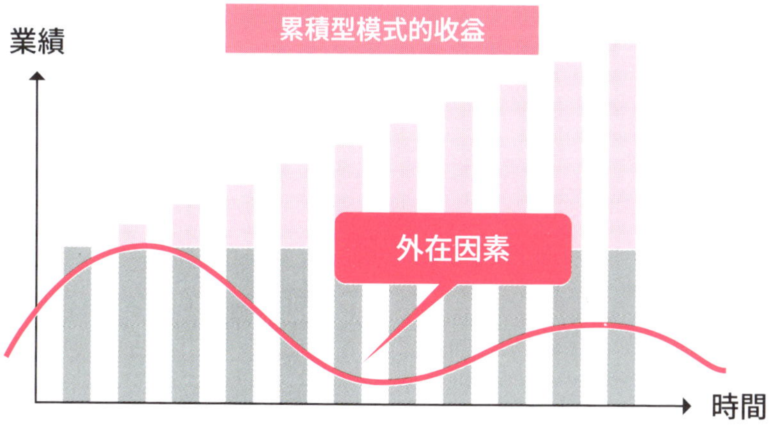

訂閱制是累積型模式的一個例子，由於顧客與收益會隨著時間逐漸累積，因此較不易受到景氣等因素的影響。

5-2 無人販售型態的餃子店怎麼賺錢？

解決人手不足的方案

推動無人化的企業與店正在與日俱增，超市或加油站的自助服務就是一個例子，甚至，現在也已經有了販售餃子、肉類與沙拉的無人店。

無人化具備兩大獲利要素。其一是可以削減人事費，所謂的人事費用不只是員工薪水，還包括社會保險與公司福利、招聘與教育訓練產生的成本。如果可以節省這方面的費用，留存在企業手邊的利潤當然也會增加。

無人化店可以賺到錢的**第二個理由是，二十四小時營業的困難度會降低。**即使是速食店，也已經有店因爲找不到晚班工作人員而只好關店。

然而，就算是找得到工作人員，但是晚班的人事費用很高，光是這部分就難以獲利。但如果是無人店的話，就不用擔心這些事，白天晚上都能夠賺取收益。

如果可以換個角度思考，無人化可說是解決勞動力不足的對策。正因如此，在人口減少、人力資源短缺的日本，推動無人化可說是實現可持續經營的關鍵。

治安好才能這樣做

從更宏觀的角度來看，無人化之所以能夠實現，正是因爲日本擁有良好的治安，可說是一種特殊的運營模式。有外國人表示，當他們看到街道上的自動販賣機時，會對日本治安的良好感到驚訝。在無人化的概念上，自動販賣機與無人商店本質相同，因此日本具備適合無人化發展的環境，對企業而言，這也構成了一種營運環境上的優勢。

當然，防範竊盜與偷竊的相關措施對企業或商店仍是必要的。然而，**無人化經營的核心課題，在於如何將安全維護成本控制在比人力成本之下。**事實上，即使是庫存管理還是結帳作業，關鍵都在人力成本與機械化成本的比較。

隨著日本人手短缺情況持續加劇，未來人力成本極有可能持續上升。另一方面，

可以削減人事費，就可以增加收益

經營店鋪的運營成本（Running Cost）
水電費
人事費
消耗品費
通信費
房租
etc...
特別是…
人事費
只有電費！

無人銷售雖然會失去面對面銷售的優勢，但在人事成本削減方面的效果極為顯著。不僅能作為解決人手短缺的對策，對於降低招聘與教育培訓成本也同樣有效。

在數位技術方面，無論是監視攝影機等設備，還是使用AI運行影像分析的軟體，成本都正在逐漸降低。綜合考量這些因素，可以說，**透過無人化實現商業模式轉型，是確保未來經營穩定的有效策略。**

5-3 爲什麼生意好的咖啡廳餐點 menu 都很豐富？

夕陽產業如何求生

因爲期待提升客單價。因此，喫茶店也開始咖啡化。

偏向日式傳統風格的喫茶店呢，是一種日常生活中需要「一下」，「一點」時提供服務的產業。這個「一下」，包括是有點空的時候、有點休息的時候，想聊天一下的時候。來喫茶店，點杯喝的，享受這個「一下」。

另一方面，喫茶店所處的業界環境也非常嚴峻。雖說咖啡是喫茶店的武器，但現在好喝的咖啡在超商就買得到，而有內用座位的超商，對於只是想休息一下的顧客來說，也很夠用了。

根據調查（東京商工調查）可知，喫茶店正在減少，休業或倒閉的喫茶店在二〇二一年達到顛峰。一九八一年時還有超過十五萬家喫茶店，但現在只剩下一半（全日本咖啡協會調查）。

而**能夠生存下來，最重要的就是差異化。**

譬如，比一般的喫茶店更時髦、或者座位空間更大，或者提供酒精飲品，這都是差異化的做法，也就是朝向咖啡廳的方向發展。

在光顧喫茶店的人當中，「想要喝點什麼」的消費者還是有的（這也是「一點」的需求）。提供啤酒與紅酒，藉以開拓客群，也可以輕鬆提升客單價。

回應多樣化的消費需求

相較之下，咖啡廳的餐點 menu 要比喫茶店充實許多。然而，也因爲提供餐食，所以消費者也因爲用餐的關係，在店裡待的時間比較長，回轉率也較低。

此外，喫茶店的優點是選擇很單純，只提供咖啡等飲料，因此準備上也不太花時間。然而一旦提供餐食，這個優點就消失了，因爲準備餐點花的功夫與人事費用都可能會增加。

紅海市場中，差異化是必要的

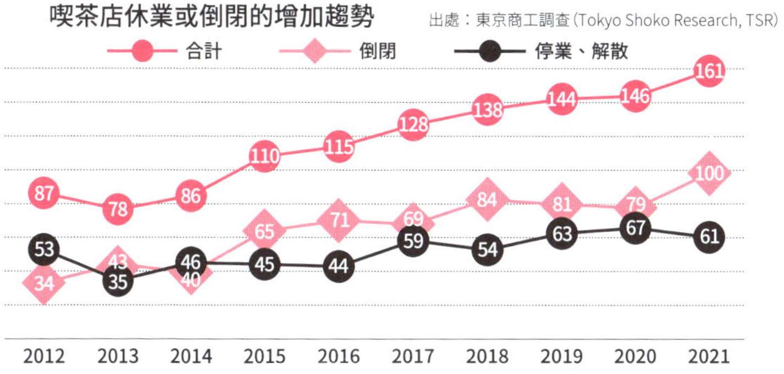
喫茶店休業或倒閉的增加趨勢
出處：東京商工調查（Tokyo Shoko Research, TSR）
合計
倒閉
停業、解散
87
78
86
110
115
128
138
144
146
161
34
43
40
65
71
69
84
81
79
100
53
35
46
45
44
59
54
63
67
61
2012
2013
2014
2015
2016
2017
2018
2019
2020
2021

喫茶店（不提供餐點）因爲競爭者眾，所以生存相對困難。因此，爲了要打造市場中缺乏的獨特性、增加客單價，鞏固客群，必須花更多時間思考相關策略。

但在另一方面，這個缺點也會被其他優點打消。在滿足消費者的需求面來說，**因爲提供餐食，所以客人可以在這裡吃早餐、吃午餐、吃晚餐，或者是吃餐間點心，一天當中所有時間帶的需求都可以被滿足，自然也就會有更多客人願意上門消費。**

客單價也是。有喝五百日圓咖啡的消費者，也有點一千五百日圓（約新臺幣三百二十元）餐點的消費者。除了早餐、午餐、輕食、點心外有提供酒精飲品的店家也會同時提供下酒菜。新冠肺炎後，外帶的需求也增加不少，透過因應這樣的需求，也能創造除了外帶餐點以外的收入來源。

此外，還能期待一下廣告效果。單純一杯咖啡並不具備SNS吸睛效果，但如果有受歡迎的餐點或招牌菜單，這些照片將更容易在SNS上擴散，進而帶來更多顧客。

此外，提供餐食也有廣告效果。如果只點一杯咖啡，客人大多不會特地拍照貼在SNS上。然而，若是餐點很受歡迎，或者是菜單很有名，消費者點餐之後可能拍照、貼在SNS上，不但可以達到廣告效果，也能達到集客目的。

差異化是必要的

喫茶店走向咖啡廳的經營模式，是在衰退市場或是在紅海市場中生存的必要手段。然而，當咖啡廳數量增加，彼此之間的競爭也會愈發激烈。要在這樣的競爭中求生，差異化就更重要了。

秋葉原的女僕咖啡店可說是差異化的絕佳範例。不只是滿足飲食上的需求，以

能夠喝咖啡的地方更多樣化了

喫茶店的知覺圖

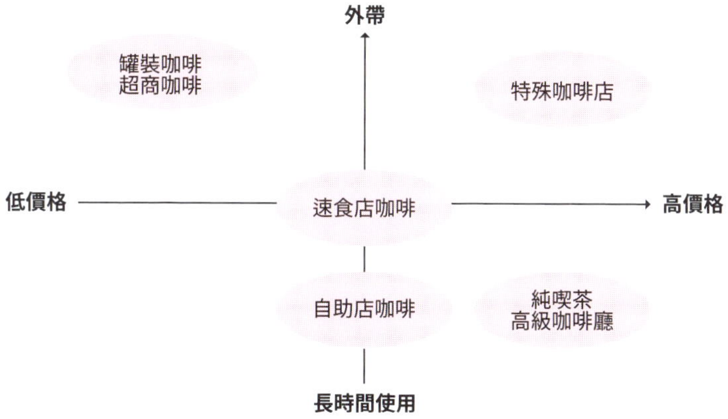
外帶
罐裝咖啡
超商咖啡
特殊咖啡店
低價格
速食店咖啡
高價格
自助店咖啡
純喫茶
高級咖啡廳
長時間使用

咖啡業界 銷售額Top5（2022-2023年）

順位	企業名稱	2022年銷售額（億日圓）
1	星巴克	2539
2	Doutor	754
3	客美多咖啡Komeda	378
4	伊藤園	354
5	Saint Marc Café	244

除了喫茶店外，可以喝咖啡的地方很多，從銷售額來看，全國連鎖的咖啡廳經營狀況良好。此外，有鑑於最近超商咖啡很受歡迎，爲免被取代，咖啡廳必須提供外帶咖啡無法取代的價值。

店員扮成女僕的服務也形成差異化。時至今日，女僕咖啡店已成爲秋葉原的代表性特色之一。

星巴克也是。在過去，在喫茶店吸菸是理所當然的事，但在那個時代，星巴克就打出「全店禁菸」作爲差異化要素。之後，順應禁菸趨勢，星巴克也成爲業界的頂級品牌。

從以上的成功範例可以看出，**要在市場上生存，差異化與提升收益都是必要的，更重要的是，透過差異化不斷提升店鋪的價值。**

5-4 小企業爲什麼要成爲運動選手的贊助者？

是否可能透過非廣告的方式吸引更多粉絲呢？**不只是一般粉絲，而是希望能夠培養出熱情的忠實粉絲。如果有這樣的期待，可以考慮成爲運動隊伍或運動選手的贊助商。**

不像廣告的廣告

舉例來說，能量飲料紅牛（Red Bull）除了投放電視廣告外，也積極擔任各種運動賽事的贊助商。此外，有些企業會成爲運動選手的所屬企業，或擁有自己的企業運動隊伍。例如，在東京奧運奪得柔道獎牌的阿部一二三選手，便隸屬於「Park24」（停車場營運公司），而永瀨貴規選手則隸屬於旭化成（化學與電子企業，業務涵蓋化學、醫療、建材、電子等領域，並擁有企業運動隊伍）。

贊助本身也是一種廣告手法，透過與運動隊伍粉絲的接觸點，能夠讓企業及其

產品獲得更大的曝光機會。此外，企業商標也可以出現在球隊制服、官方網站，甚至是比賽場地，從而提升品牌知名度。

相較於直接推銷產品的廣告——如電視或報紙，這種手法的直接銷售力雖然較弱，但反而是一大優勢。在這個資訊過量的時代，無論是在街上、電視上，甚至是SNS，人們被大量廣告包圍，因此許多消費者對有「強迫推銷感」的廣告產生反感。

根據調查（NEO MARKETING 調查），在 YouTube 等影音平臺，九五％的人會選擇跳過廣告。然而，**與運動隊伍的贊助合作，由於廣告意味薄弱，更容易讓消費者自然地接觸並認識企業與產品，不會引起反感。因此，這種方式是一種更柔和且有效的品牌曝光手段。**

能夠與粉絲建立深厚的關係

進一步來看，廣告手段的改變，也會影響品牌與消費者的關係。

就電視廣告而言，企業與消費者是單純的賣家與買家關係，雙方關係是單向的，

企業透過廣告向消費者傳遞訊息。

但另一方面，若企業成爲運動隊伍的贊助者，企業與消費者就會站在相同立場，一同爲隊伍與選手加油。因爲立場與視點相同，消費者更容易產生夥伴意識。當消費者將企業視爲夥伴時，不僅會支持隊伍與選手，也更容易支持企業本身。認同企業的消費者，不僅會對企業產生興趣，還可能向親友推薦，甚至在SNS上分享企業的魅力。

這類**自發性支持企業的人，可視作爲品牌的推廣大使。**而如果能夠增加這樣的死忠宣傳者，讓他們願意更積極地分享、發送情報，使得企業得以擴大影響力及市場認知，也是一種很有效的行銷策略，稱爲**「品牌大使行銷（Ambassador Marketing）」**。

協力成長的友軍

「大使」，Ambassador，通常是地方自治團體請來當地出身的藝人或名人擔任親善大使，宣傳地方魅力。

這也是品牌大使行銷的一種方式，但這並不代表一定要邀請藝人這樣有知名度或影響力的人。**重要的是對企業（或是地方自治團體）的愛與忠誠，這正是自發性的發送與企業、地方相關資訊、情報的重要動力。**只要能夠滿足這項條件，不論是任何人都能成爲推廣大使。這要比找藝人擔任品牌大使更能夠推廣商品或服務。

這些熱心於推廣的大使會認眞思考商品與企業的成長，也會主動提出意見與建議。有些企業或地域會透過市場調查或問卷調查等行銷手段來傾聽消費者的聲音，相較於市場調查或問卷調查，品牌大使更能夠提供深入且有價值的改善建議。

「廣告感」很強的廣告會被敬而遠之

「討厭影片中出現廣告的原因」出處：NEO MARKETING

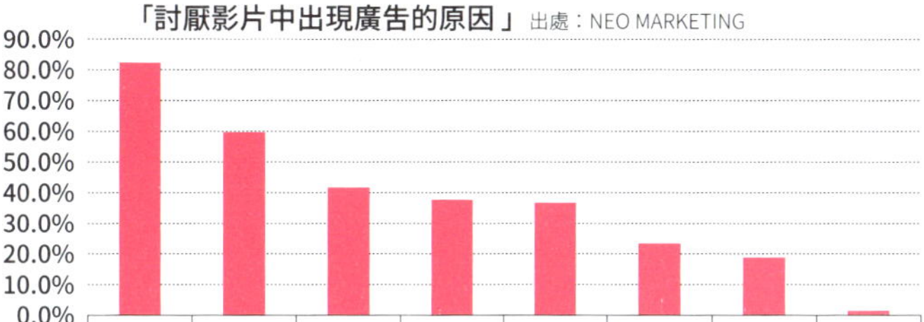

	正在看的影片被干擾	對廣告的商品或服務沒興趣	同樣的廣告不斷重複播放	廣告本身很無聊	畫面突然變成廣告讓人嚇一跳	聲音比播放的影片還大	劇情惹人討厭	其他
全體(n=642)	81.9%	59.5%	41.4%	37.5%	36.3%	23.1%	18.7%	0.8%

無論是看電視或是看網路影片，大家都會想跳掉廣告。與其透過廣告直接推銷，淡化廣告感，抓住消費者的心會比較好。

傾聽他們的聲音，不僅能夠加強與支持者的關係，就連廣告費都可以省下不少。

電視廣告仍然是讓新商品廣爲人知的有效手段。但時至今日，由於每天都有大量的新商品發行，所以消費者也更快、甚至更容易感到厭倦。因此就這樣的市場來說，熱心、忠誠的粉絲願意回購，可以幫助企業獲得穩定的收益。

透過運動等方式與消費者站在一起，**並增加願意協助企業成長的支持者，這將成爲企業轉型或成長的關鍵。**

透過推廣大使獲得粉絲的支持

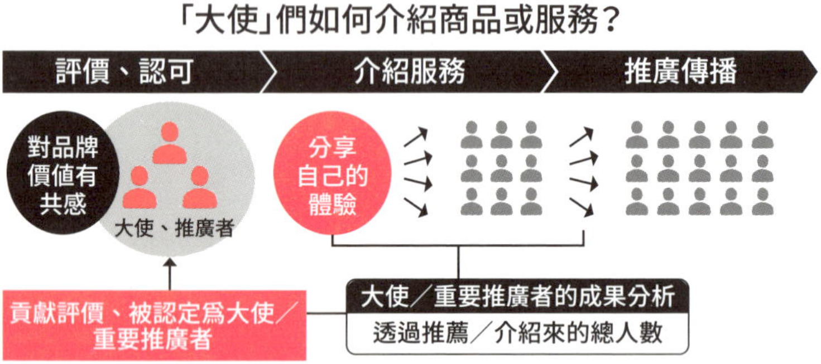
「大使」們如何介紹商品或服務？
評價、認可
介紹服務
推廣傳播
對品牌價值有共感
大使、推廣者
分享自己的體驗
貢獻評價、被認定爲大使／重要推廣者
大使／重要推廣者的成果分析
透過推薦／介紹來的總人數

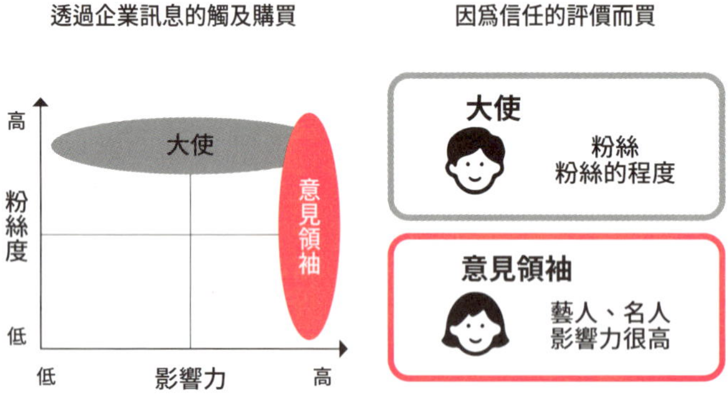
透過企業訊息的觸及購買
因爲信任的評價而買
高
粉絲度
低
低
影響力
高
大使
意見領袖
大使
粉絲
粉絲的程度
意見領袖
藝人、名人
影響力很高

因爲這些大使、代言人、支持者本身就是企業或商品的忠實粉絲，他們會自主宣傳，幫助企業成長並提升收益。透過品牌大使的個人社交圈，會自然產生口碑傳播。因此能夠影響更廣泛的族群，這是其特點。

5-5 如何解決人手不足的問題？

確保人才的想法改變了

只要人口持續減少，缺工的問題將很難找到解方。在這個時代，企業不僅要追求商品與服務的品質，還必須強化招聘與培訓機制，使企業轉型爲能夠吸引人才的環境。

如果很難做到這一點，那麼不妨改變視角，考慮不僱用正職人員（人）的做法。具體來說，**可以根據不同業務，從外部招募必要人才，或透過外包等方式，改變組織的運作方式，使企業能以最少的人力維持經營**。

時至今日，社會已經產生變化，與過去日本人多半在一個企業中待一輩子不同，現在轉職已經不太稀奇了，隨著工作方式的改革，選擇縮短工時或遠距工作的人也愈來愈多。

這對要找短期戰力的企業是有利的。如果不拘泥於僱用正職人員、朝九晚五的工時，或週一到週五的固定出勤制度，可以透過多樣的僱用型態，聘用希望以符合自身生活方式工作的勞動者，從而確保企業的戰力。

重要的不是人，是技術

如果稍微擴大視野，企業通常會讓員工經歷多種業務，並透過內部教育或研修培養多技能人才，這種模式（Membership 型）依然根深蒂固。

另一方面，在美國，Job型僱用已

以職務，而非人來思考勤務

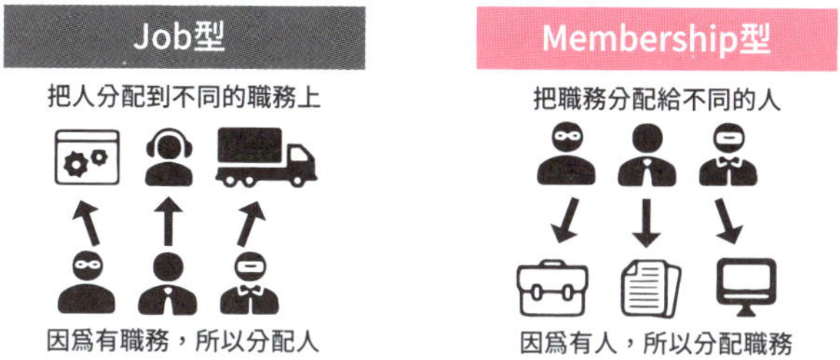
Job型
把人分配到不同的職務上
因爲有職務，所以分配人
Membership型
把職務分配給不同的人
因爲有人，所以分配職務

明確限定	職務	輪調
按職務決定	薪資	按能力或資歷制定薪資
明確限定	工作地點	輪調

爲因應新進人員減少所導致的勞動力不足，比起僱用新員工，不如思考如何運用公司內外的人力補足業務上不可或缺的工作。Job型僱用是其中一種解決方案，此外，約聘員工、自由工作者、短工時等不同工作方式的勞動者也是正職人員之外的選擇。

經確立。這是一種僅針對可發揮其專業技能的職務進行僱用的方法。譬如如果要建構IT系統，就會專門找精通IT的人；如果缺行政人員，就會專門僱用具備行政專業的人，以確保企業營運所需的人才。

對於難以確保人才的中小企業而言，若能夠從非得要找到缺額的多少員工、轉向專注補足所需專業，改採Job型僱用，不僅更能夠解決人手不足的問題，也能降低固定支出中的人事成本。

此外，「專業的事情應交給專家」，比起企業內部自行培訓，尋找外部人才能更容易確保優秀人才，並提升各項業務的水準。

招聘，對企業來說非常重要，但僱用正職人員不是唯一的方法。提供靈活的工作方式，讓人們能夠按自己的方式工作，不僅能促進地方和社會的發展，也能成爲企業透過少量正式員工與各領域專家協作，提高經營效率的重要轉型契機。

5-6 爲什麼路邊除毛店愈來愈多？還能夠維持穩定經營，不受現金周轉影響？

預測收益？其實很容易！

不管是企業或是一個小店面，經營上都會隨著投資成長。如果以擴展爲目標，加快投資腳步來增加分店數量，成長速度也會隨之加快。

因此，**將收益模式轉變爲更容易確保投資初始資金的形式至關重要**。近年來，街上愈來愈多的醫學美容，正是採用了能夠輕鬆確保投資資金的營收模式。這種產業在經營上的一大特點是：療程（多次）的費用需事先預付（從業者的角度來看，這屬於預收帳款）。

日常生活中，不管是去美容院或是去餐廳，都是在服務結束後才需要付費。就算是買房子吧（金額較大的商品），也是要等到完工之後才要支付費用。B to B的交易型態下，由於長期以來的商業習慣，多採用票據支付或賒帳交易，因此後付款

的趨勢更加明顯。

另一方面，醫美服務大多是事前付款。相較於後付款，事前付款的好處是能更早掌握收益，也更容易規劃展店計畫。此外，**由於現金入帳的時間點較早，因此也能更早執行投資計畫。**

如果能夠活用這特質，就可以擺脫競爭，更早爭取到消費者的認同。特別是像醫美服務這樣正在成長的市場，提前規劃並加速投資執行，也能夠提前占下市占率、同時鞏固顧客。

收錢快一點，付錢慢一點

我的專業領域之一，就是資金籌措。**在資金管理中，出入帳管理最重要的原則就是「入帳快一點（收款），出帳慢一點（付款）」，要透過這個原則，把手頭的資金最大化。**

「入帳」就是收入帳款，資金流入企業，預付金就是其中一種。如果是後付，也

好的現金流可以讓企業更能夠永續經營

「資產大於負債」、「黑字」的停業比例

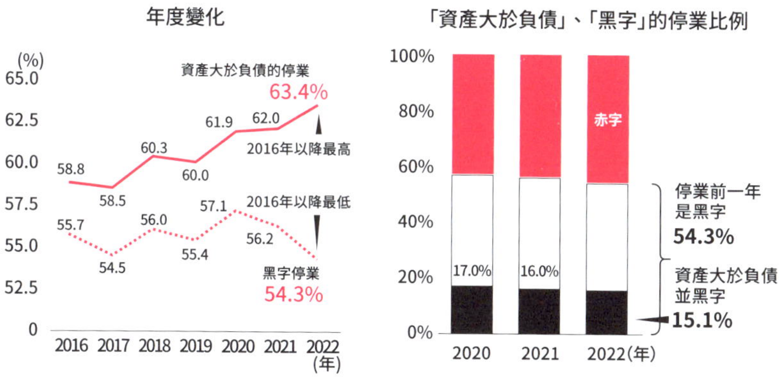
年度變化
(%)
65.0
62.5
60.0
57.5
55.0
52.5
0
資產大於負債的停業
63.4%
58.8
58.5
60.3
60.0
61.9
62.0
2016年以降最高
55.7
54.5
56.0
55.4
57.1
56.2
2016年以降最低
黑字停業
54.3%
2016 2017 2018 2019 2020 2021 2022 (年)
「資產大於負債」、「黑字」的停業比例
100%
80%
60%
40%
20%
0%
赤字
17.0%
16.0%
停業前一年是黑字
54.3%
資產大於負債並黑字
15.1%
2020 2021 2022(年)

出處：〈全國企業『停業、解散』動向調查〉（帝國數據銀行（Teikoku Databank，2022 年）

到破產前的流程

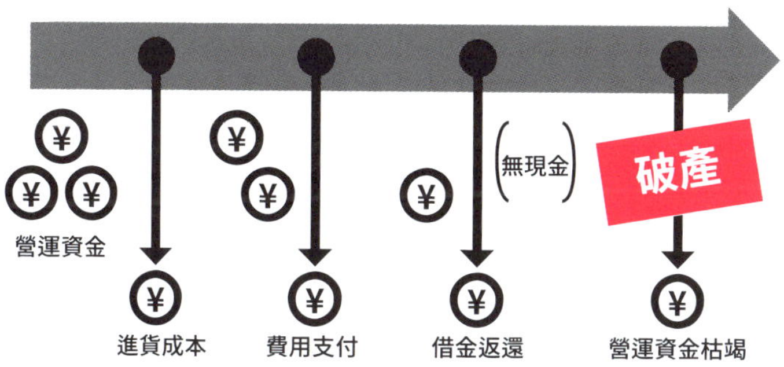
營運資金
無現金
破產
進貨成本
費用支付
借金返還
營運資金枯竭

即使企業有盈利，但如果持續營運所需的資金耗盡，仍然可能面臨倒閉的風險。因此，調整經營方式，使營運資金與投資資金更容易回收，對企業的穩定發展而言格外重要。

可以透過縮短應收帳款的回收期，例如把原先兩個月後才會收到的錢，提前一個月，以達到「入帳快一點」的目的。

相反地，出帳就是資金從企業流出，就要晚一點支付，讓現金盡量留在手裡。如果要持續成長，譬如說，若看到在好的地點出現空出來的店面，這時就需要一筆錢支付押金或訂金；或者購買新設備時，手上有現金可以用也是很重要的事。

因此，資金的「進出管理」至關重要。此外，若手頭資金充足，不僅能確保順利進貨與支付款項，也能有效降低因現金流短缺而導致的黑字倒閉風險。

若就永續經營來說，資金管理非常重要，要求客戶預付帳款，在入帳來說是最理想的。

5-7 可樂餅一個八十日圓(約新臺幣十八元)?肉店如何賺到錢?

不只賣給客人,還賣給其他廠商

想開發新市場,但所在商圈範圍太小,就算大量生產,銷售額也難以提升⋯⋯要解決這樣的煩惱,解方之一就是改變銷售對象。

走在住宅區,時常會看到一些小型零售店,讓人不禁好奇:「這些店家到底是怎麼做生意、持續維持營運呢?」

例如,某些肉店販賣每個八十日圓(約新臺幣十八元)的可樂餅,或是點心店販賣每片五十日圓(約新臺幣十元)的仙貝。這些店看起來多少有些冷清,再加上開設在住宅區,可預測的客群需求相對有限。

然而,即使地點沒那麼好,這些店家依然充滿活力地經營著。有時,這些老闆甚至住在豪宅、開著進口車,可看出其實相當賺錢。

關鍵原因在於，他們的銷售對象並不僅限於附近的顧客。就一般消費者的角度看來，肉店這類商家似乎大多以消費者爲主（B to C業務），但那些成功的店，其實還開拓面向企業業者的銷售管道（B to B業務）。

例如，肉店可能會向燒肉店供應肉品，這樣一來，除了零售之外，還能開發額外的收入來源。此外，這類店往往既非位於車站、也沒開設在熱鬧商圈中，地理位置不佳，但也因此能壓低租金等固定成本，進一步提高利潤。

創造商圈外的銷售途徑

在地方（鄉村地區或地方城市）經營事業的業者也是。由於地方土地廣闊，能夠大規模種植農作物，也能建設大型加工廠。然而，大量生產的話，單靠地方市場仍無法完全消化這些商品。

因此，思考並採用B to B商業模式就顯得格外重要。例如，若能將都市裡的商店等納入銷售通路，便能打開市場，而不受限於生產地區的商圈，進一步提升收入。

當企業客戶的規模壓倒性的龐大時

〈B to C、B to B市場規模（EC市場）〉出處：經濟產業省〈令和4年度電商交易市場調查報告書〉

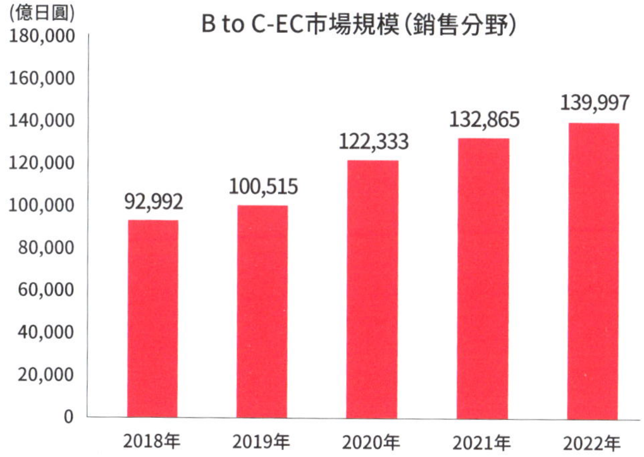
B to C-EC市場規模（銷售分野）
（億日圓）
180,000
160,000
140,000
120,000
100,000
80,000
60,000
40,000
20,000
0
92,992
100,515
122,333
132,865
139,997
2018年
2019年
2020年
2021年
2022年

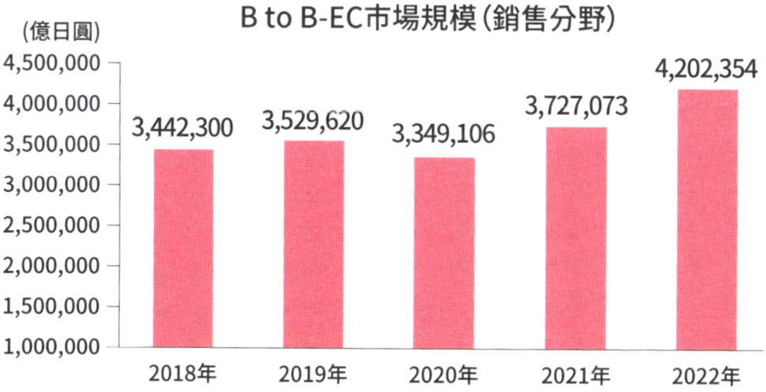
B to B-EC市場規模（銷售分野）
（億日圓）
4,500,000
4,000,000
3,500,000
3,000,000
2,500,000
2,000,000
1,500,000
1,000,000
3,442,300
3,529,620
3,349,106
3,727,073
4,202,354
2018年
2019年
2020年
2021年
2022年

零售業與餐飲業等直接面對消費者的產業型態（B to C）較爲常見，但從市場規模來看，企業對企業（B to B）業務的市場更大，創業或拓展事業的機會也更多。

以生焦糖牛奶糖聞名的北海道花畑牧場就是一個典型例子。花畑牧場在北海道有四個工廠，當然不會全部都生產生焦糖牛奶糖。

透過生產超商甜點、業務用起司、豬肉加工品等產品，並結合這些B to B事業的收益，促使企業持續成長。所以，考慮要開展新業務時，往往會朝B to C的方向發展，電商的普及也讓B to C的發展更形蓬勃，但這只是十四兆日圓（約新臺幣三兆元）的市場，而B to B的市場則超過四二〇兆日圓（約新臺幣九十二兆元）。

透過這樣的差異，可以說，**B to B會讓業者擁有更多創業與擴展機會，並且成長潛力遠大於B to C。**

6

為什麼那家店要開在那裡？

之後是幾點開會？
嗯～大概是下午3點吧！
店面出租
這裡可以開什麼店啊？
下個月這邊要開一家●家啊
超商
咦？
不過這附近還有一家一樣的超商吧？
這也是企業戰略的一種喔！
什麼…？

耶？
菅原先生為什麼會知道這種事呢？
因為我的朋友是加盟連鎖企業的經營者啊
耶……
這樣啊？
啊啊！
作為一個經營者，他可是很努力的
……
回事務所吧！
經營者啊……
心跳…

6-1 爲什麼超商的對面常常是同一系列的另一家超商？

用數量支配市場

在考慮開展新事業時，評估市場類型、可以在市場取得多少收益非常重要。競爭激烈的市場就是所謂的「紅海市場」，爲了爭奪市占率，降價促銷、優惠活動都是常見的競爭手段。然而，在競爭沒那麼激烈的市場，市場需求就可能沒那麼高，是不是能夠賺到錢、企業或店是不是能繼續開下去，也會讓人感到不安。

在這種情況下，值得參考的便是超商的展店策略。走在街上，我們常常可以看到同系列的超商就開在同一個路口，或是街頭、街尾，這就是所謂的**密集展店策略（Dominant Strategy，也稱區域主導策略）**。與博弈論不同，密集展店策略在商業經營（特別是連鎖品牌展店）中指的是，透過在商圈內增加連鎖門市（密集展店），能夠形成主導市場的地位，提高競爭對手的進入門檻，使其較難進駐。

透過密集展店策略(Dominant Strategy)掌握地區需求

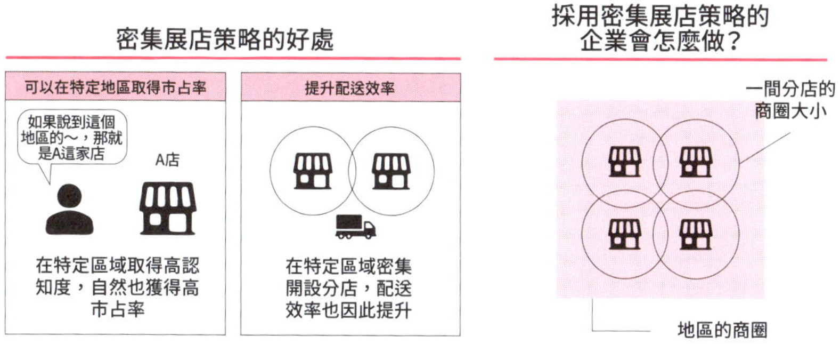

密集展店策略的好處
可以在特定地區取得市占率
如果說到這個地區的～，那就是A這家店
A店
在特定區域取得高認知度，自然也獲得高市占率
提升配送效率
在特定區域密集開設分店，配送效率也因此提升
採用密集展店策略的企業會怎麼做？
一間分店的商圈大小
地區的商圈

若是在特定區域集中開店，不但能夠提升當地的品牌認知度，也能提升物流配送等整體營運效率，更可以防止競爭對手進入市場。

具體效果方面，首先是在商圈內增加自家品牌的連鎖門市，能夠吸引更多顧客，並提升品牌認知度。以超商來說，開發自有品牌也是差異化的一環。全國性品牌的飲料或零食，無論在哪間超商購買，差異都不大。因此，爲了吸納這類需求，在商圈內擁有較多門市的超商品牌更具優勢。

此外，若**同品牌的超商在同一商圈內開設多間門市，能夠提升商品配送的物流效率。人手不足時，門市之間也更容易調配人力。**

找到商圈的分界線

考慮到單一分店的收益，即使是同一個連鎖品牌的超商，如果在距離極近的地方再開一間新的店面，對於既存的門市確實比較不利。由於一個商圈內的超商消費者數量是固定的，在這種情形下，新店加入反而會變成同品牌門市之間瓜分客戶，爭奪有限的市占率。

其實，這裡有一個關鍵。即使超商與超商之間的地理位置可能非常相近（物理上），但商圈可能截然不同、彼此獨立。最容易理解的例子是高速公路休息站，南下與北上車道兩側的休息站從地圖上看距離並不遠，但兩側商圈卻完全不同的，大多數的駕駛人不會願意特別繞一圈，到對向的休息站消費。

因此，考慮新店選址時，最重要的一點並不是與競爭對手的物理距離，而在於觀察商圈的邊界。

6-2 爲什麼經營得很辛苦的中小企業要把公司開在房租很貴的地方？

總公司據點與企業信用有關

企業要穩健經營，獲得交易夥伴、顧客、供應商及金融機構的信用至關重要。信用需要一段時間的累積，無法在短時間內建立。

不過，有個方法可以在短時間內建構信用，**那就是把總公司放在黃金地段，或是在位置優越的地方設立據點**。

能夠做到這一點的大多是大型企業。大型企業的總公司大多集中在都會中心區。此外，大多數的企業都會在交通樞紐的附近設立辦公室。

辦公室租金與交通便利性成正比，因此設置在交通便利的地方也就代表成本（固定費用）會增加。但是，作爲回報之一，企業可以獲得客戶與協力廠商對自己的信任。

畢竟，支付高額租金的事實，可以間接顯示企業的收益穩定（公司付得起），也就能讓交易夥伴感到安心。對於正在考慮求職或轉職的人來說，總公司位於市中心的企業能留下良好印象，並提升求職意願。

獲得好人才、好情報與好機會

除了獲取信用之外，實質上的優勢還有：若辦公室設於多條捷運／鐵路路線交會的大型車站附近，上下班通勤將更爲便利，**而工作條件愈好、好條件愈多，求職者愈多，自然更容易吸引優秀人才。**

另外，因爲都會區與具備交通樞紐功能的車站周邊，往往是大型企業的集中地，因此與交易夥伴的往來也更加便利。

容易與其他公司接觸，當然也會構成新的合作機會。譬如在日本的政經重地丸之內或霞關等地區開設辦公室的企業會有交流會，參加這類的場合將能夠輕鬆地接觸到這些大企業，也較容易與其他企業建立聯繫。另外，希望與大企業接觸的新

愈是黃金地段，愈是能夠匯集優秀的人才與情報

「無法妥協的條件」(二十歲到三十歲的轉職者) 出處：學情

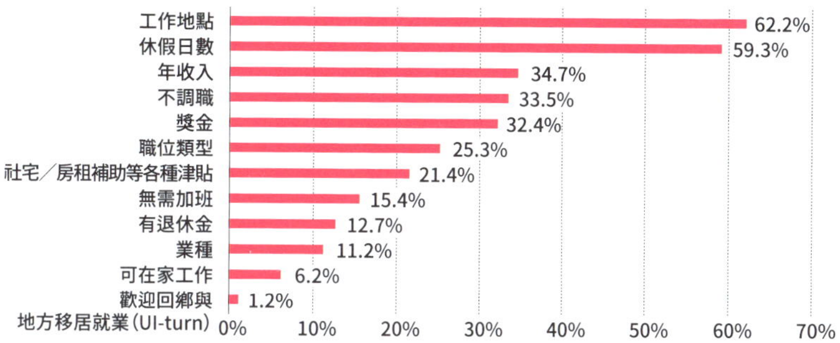

工作地點 62.2%
休假日數 59.3%
年收入 34.7%
不調職 33.5%
獎金 32.4%
職位類型 25.3%
社宅／房租補助等各種津貼 21.4%
無需加班 15.4%
有退休金 12.7%
業種 11.2%
可在家工作 6.2%
歡迎回鄉與地方移居就業(UI-turn) 1.2%
0%
10%
20%
30%
40%
50%
60%
70%

若要擴大事業版圖，勢必需要更多人力。在數量與素質兩方面，都會區更容易聘請到優秀人才。工作地點的便利性愈高，對企業愈有利。

創企業大多也都會集中在都會區，根據帝國數據銀行的調查結果顯示，東京都內的新創企業有七成集中將據點設在港區、澀谷區、千代田區、中央區。

將據點設在都會區，對新創企業來說，建構橫向人脈對企業發展將更爲有利。即使就這一點來看，雖然必須負擔高昂的租金，然而，把辦公室設在市中心還是非常有價值。

6-3 沒那麼好吃的鄉下定食店，爲什麼還是生意興隆？

小市場也可以穩定獲利

談到新事業，許多人會聯想到挖掘龐大需求，並一步步發展成全國性的企業。但在現實中，成功創造這類事業的可能性並不高。甚至可以說，**把注意力放在小型市場，取得穩定的需求才是成功之道。**最能體現這一點的，就是地方的定食店。

說起來有點失禮，不過地方上的定食店，大多都沒什麼特色，就連味道與服務也都很普通。相較之下，都會區的連鎖店或許在味道與氣氛上都好得多。

但地方上定食店的常客還是很多，店裡也常常是很熱鬧的，這一點，是我們必須正視的重要現實。

地方的定食店之所以生意興隆，**理由之一是周邊競爭的店並不多。**

如果觀察市場趨勢，可知地方上的市場正趨於萎縮。因爲人口減少、外流，以

年輕族群爲主的人口外流至都會區。可以說，地方上不具備出現大規模需求的條件。

然而，正是因爲地方人口與企業較少，比起都市，地方的競爭對手也較少。而且就算市場再怎麼縮小，像是飲食這種與生活息息相關的需求並不會完全消失。

因此，像定食店這類與日常生活密切相關的小店，仍能穩定經營。愈往地方走，店家數量愈少，能滿足熟食需求的超商也減少，使得商圈內的餐飲市場也較容易形成藍海市場。

善用地方優勢，就可以做到低成本營運

而就經營層面來說，如何降低店的營運成本是一大重點。由於小型市場的收益較少，若要在其中持續生存，控制店鋪的營運成本至關重要。

例如，人事費用與租金等成本能壓低多少，對於利潤影響極大。可說這些成本愈低，獲利的空間就愈大。

以定食店爲例，通常由僅二至三名店員組成，因此人事成本相對較低。而從各都道府縣的最低工資（根據日本厚生勞動省數據）來看，東京周邊、大阪、愛知等地的時薪超過一千日圓，但地方的最低工資普遍低約一成，約九百日圓（約新臺幣一百九十元）左右。

店鋪租金方面，地方店鋪相較於都會區則便宜許多；若是店面與住宅合一的自有房產，則可以降低更多成本。這些都是在地方開店、經營的優勢。

此外，若鄰近競爭對手較少，裝修需求也會降低，也能最大限度節省相關費用。

在地方，低成本營運是可能的

都會區與地方的租金（最低租金）

出處：厚生勞動省

	都道府縣	最低租賃金額（円）
1	東京都	1,113
2	神奈川縣	1,112
3	大阪府	1,064
4	埼玉縣	1,028
5	愛知縣	1,027
6	千葉縣	1,026
40	秋田縣	897
40	愛媛縣	897
40	高知縣	897
40	宮崎縣	897
40	鹿兒島縣	897
45	沖縄縣	896
45	德島縣	896
47	岩手縣	893

「店鋪租金（每月）」

出處：總務省統計局

（單位：日圓）

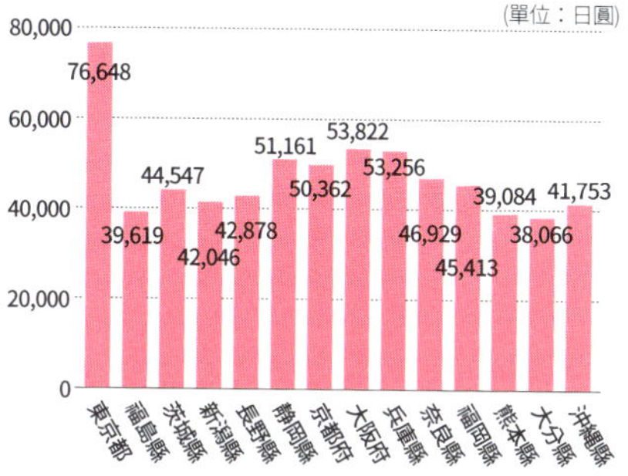

人事費用與租金是企業或店鋪經營的主要成本之一。這些固定費用可能壓縮利潤。相比於都會區，在地方經營的各項成本較低，對於小規模的企業或店鋪經營都較爲有利。

回頭客是生意能不能往下做的關鍵

在集客方面，由於地方人口較少，增加新顧客並不容易。因此如何增加回頭客數量非常重要。

若店位於車站前，可鎖定上班族與學生；若開設於住宅區，可吸引附近居民；若位於公路沿線，客群可以是貨車或計程車司機，透過長久的生意往來維持穩定收入。

此外，相較於餐飲店林立的都會區，地方在爭取回頭客的競爭比較沒那麼激烈。這是因爲非都會區通常沒有太多飲食店可以選擇，甚至可能就只有一家，因此想要外出用餐的人只能選擇這家店，也就順勢成爲回頭客。

這也是地方的地理優勢，餐飲業以外的產業也可能有類似情況。例如，若地區內只有一家醫院，當地居民就只能前往該醫院就診；同樣的狀況也會出現在汽車維修廠、超市等各種產業，**如果消費者沒有其他選擇，就能確保回頭客會持續光顧，進而維持、累積收入。**

對於希望開拓新市場的業者來說，能否找到這樣的「藍海市場」是一大關鍵。

日本整體人口未來仍將持續減少，地方人口也可能會持續向都市流動吧。

然而，人口多並不代表企業一定成功或店鋪能持續經營，重要的是能夠在市場上生存下來。從中長期來看，若要穩定經營企業或店鋪，選擇競爭較少、較不易引發價格戰的地方市場也是一種策略。

與其進入簡直是列強爭奪市占率的都會區市場，有時競爭較少的地方市場反而更有利於新進業者。

人口愈少、競爭愈少

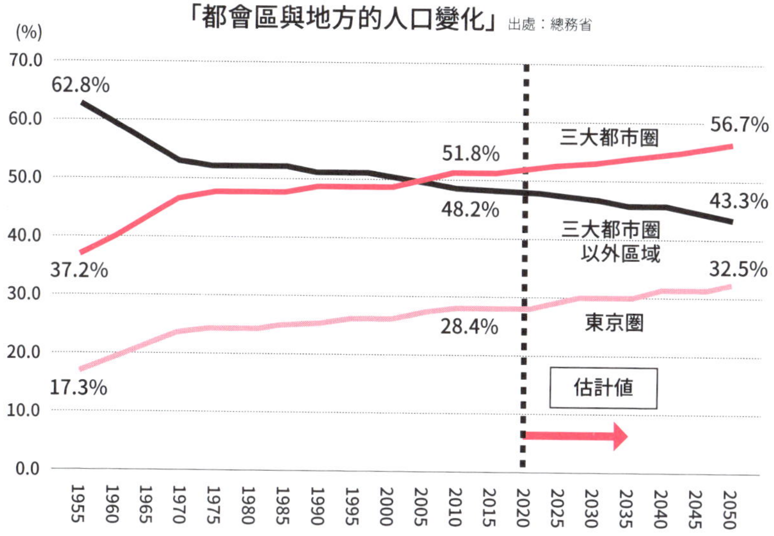
「都會區與地方的人口變化」出處：總務省
(%)
70.0
60.0
50.0
40.0
30.0
20.0
10.0
0.0
62.8%
37.2%
17.3%
51.8%
48.2%
28.4%
56.7%
43.3%
32.5%
三大都市圈
三大都市圈以外區域
東京圈
估計值
1955
1960
1965
1970
1975
1980
1985
1990
1995
2000
2005
2010
2015
2020
2025
2030
2035
2040
2045
2050

上述各區域包含根據《首都圈整備法》及《中部地區開發整備法》所劃定的既成市街地與近郊整備地帶的市、區、町之範圍。

降低成本	自治體會提出優厚的企業優待策略，租金比起都會區會便宜許多
容易確保人才	比起競爭激烈的大都市，有些地方反而容易確保優秀人才
提升企業價值	企業將因爲解決社會問題以及與地方創生的合作，提升知名度與企業價值

6-4 阿宅聚集如何活化了秋葉原的經濟？

鎖定有需求的地點

新創事業、創業可以成功的重點之一，是選擇需求聚集的地點經營。因爲動畫、偶像與漫畫等相關店得以復興的秋葉原就是其中最成功的案例。

過去，秋葉原曾以家電製品或3C相關產品而聞名，近年來則成爲阿宅文化的集散地。3C產品時代就有很多與3C相關的店，進入阿宅時代後就自然地會聚集相關的店，進而發展出新的阿宅街。

類似或相關的店會形成聚落的理由，**原因在於，在需求旺盛的街區開店，對業者來說較容易吸引顧客。**

新開的店要從零開始建立知名度，並開拓顧客動線，這是一項艱難的挑戰，需投入大量時間、勞力和成本。

相較之下，秋葉原已經形成一條吸引喜愛阿宅文化的人潮動線。對這樣的消費者而言，「要找動漫畫商品就要去秋葉原」已經成為一種常識。此外，秋葉原也時常會舉辦許多與動漫畫有關的活動，也成為粉絲交流的場所。

比起四處奔波尋找店家，在秋葉原一次逛多家店，不僅更有效率，也能逛得更盡興。由於這樣的市場環境已經形成，在秋葉原開店更能有效吸引顧客。

阿宅族的需求，帶動秋葉原整體發展

這個經營模式的重點在於，選擇目標客群及需求聚集的地點。從其他行業來看，大醫院附近往往有許多調劑藥局，稅務署周圍則有許多記帳士事務所，這些都是根據需求選擇地點的結果。

另外，這個方法要成功，重點在需求「阿宅化」。這裡的「阿宅」並不單純指動漫畫或偶像的愛好者，而是喜愛特定領域並有深入認知的人。因為同樣是聚集類似的店，如果超市隔壁開了超市，只會在既有的客群上競爭，由於超市提供的商品大同小異，因此消費者通常會選擇便宜的那一邊，最後就會形成價格競爭。

相較之下，動畫、偶像、漫畫的需求範圍既廣且深入，這正是其特點。動畫涵蓋多種不同類型的粉絲，而粉絲的目標不同，使得同類型的店動畫涵蓋多種不同類型的粉絲，而粉絲的目標不同，使得同類型的店鋪能夠共存。**造訪秋葉原後，可能會對原本沒有興趣的動畫產生興趣，進而促成不同店鋪販售的商品形成相乘效果。**

能夠發現這些新事物，也成爲粉絲的樂趣之一，這也進一步提升了整個秋葉原的價值。

順應市場成長的趨勢

從需求的廣度與深度看，具有阿宅化特性的商品並不僅限於秋葉原的相關文化與產品。譬如像是拉麵，大體來說拉麵就是拉麵，但把味道細分化就是拉麵宅做的事了。因此，像是拉麵街這樣聚集多家拉麵店的地方，也能夠形成共存關係。

如果自家產品或服務具有阿宅化的特性，那麼選擇需求聚集的地點開店，就是

阿宅拯救秋葉原

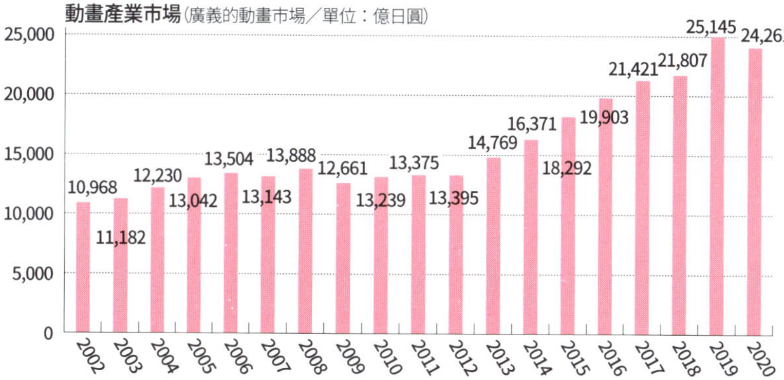
動畫產業市場（廣義的動畫市場／單位：億日圓）
25,000
20,000
15,000
10,000
5,000
0
10,968
11,182
12,230
13,042
13,504
13,143
13,888
12,661
13,239
13,375
13,395
14,769
16,371
18,292
19,903
21,421
21,807
25,145
24,261
2002
2003
2004
2005
2006
2007
2008
2009
2010
2011
2012
2013
2014
2015
2016
2017
2018
2019
2020

過去對阿宅都有一種負面印象，如今卻已成長爲日本的一大產業。成爲阿宅聖地的秋葉原，也因匯聚眾多相關店而持續發展。

出處：《動漫產業報告 2021》（日本動畫協會）

成功的關鍵。

雖然過去「阿宅」這個名詞總讓人有負面陰暗的印象，但近年來，由於「推活」的普及，阿宅也變成除了動漫、偶像外，代表對興趣或特殊領域執著且專門的特定詞語。阿宅的普及與多樣化，也有效擴展「宅」市場的規模。

而透過這樣的驅使，就可以藉由宅需求聚集的地點，與容易阿宅化的商品，讓企業或店都更容易成長。

細分宅市場

「阿宅主動分野的市場規模」 出處：矢野經濟研究所　　單位：百萬日圓、%

分野	計算基礎		2021年度	2022年度	2023年度（預測）
動畫	製作業者營業額基準		265,000	285,000	275,000
		前年度比	96.4	107.5	96.5
同人誌	小額金額基準		80,000	93,165	105,809
		前年度比	108.0	116.5	113.6
獨立遊戲（indie game）	使用者消費金額基準		2,800	19,596	24,277
		前年度比	-	-	123.9
組裝模型（塑膠模型）	國內出貨金額基準		41,500	54,800	57,000
		前年度比	108.4	132.0	104.0
公仔	國內出貨金額基準		34,600	43,400	48,000
		前年度比	105.8	125.4	110.6
娃娃（人偶）	國內出貨金額基準		10,400	10,700	11,000
		前年度比	102.0	102.9	102.8
鐵道模型	國內出貨金額基準		11,800	12,700	13,000
		前年度比	102.6	107.6	102.4
玩具槍	國內出貨金額基準		9,200	9,100	9,200
		前年度比	102.2	98.9	101.1
生存遊戲（生存戰、野戰遊戲）	業者營業額基準		7,700	7,300	7,500
		前年度比	89.5	94.8	102.7
偶像	使用者消費金額基準		150,000	165,000	190,000
		前年度比	107.1	110.0	115.2
職業摔角	使用者消費金額基準		11,000	12,000	13,000
		前年度比	91.7	109.1	108.3
Cosplay服裝	國內出貨金額基準		25,000	26,500	28,000
		前年度比	104.2	106.0	105.7
女僕・主題概念咖啡廳Cosplay相關服務	業者營業額基準		9,500	10,300	11,200
		前年度比	108.0	108.4	108.7
語音合成	小額金額基準		-	21,330	24,610
		前年度比	-	-	115.4

註1.「獨立遊戲」與「語音合成」因市場定義等調整，無法與過去年度進行比較。
註2.「語音合成」主要涵蓋VOCALOID軟體（**譯註：日本樂器製造商山葉公司開發的語音合成軟體，可透過輸入音調與歌詞，生成擬眞人聲的歌聲。**）、語音朗讀軟體、變聲軟體等與語音合成相關的軟體，以及這些軟體內設計的角色相關商品（周邊商品）等實體銷售內容。

宅文化的分類日益多元化。與過去相比，單一作品或人物成爲全國熱潮的情況減少，粉絲投入金錢與時間的方向變得更加分散。

6-5 爲什麼家庭餐廳開得到處都是？

獲得點子與 know-how

想要創業，卻苦於沒有靈感……這時候，加入連鎖店系統，開一家加盟店，也是一個不錯的選擇。

在都會區，有餐飲店、超商、補習班、洗衣店等各式各樣的連鎖系統。雖然從外觀上無法分辨，但這些連鎖店往往不是全部由加盟企業總部（Franchisor）經營（直營店 Regular Chain，RC），ＦＣ加盟（特許加盟 Franchise Chain）店也非常多。以超商爲例，直營店僅占少數，大多數的店都是ＦＣ加盟店，也就是加盟主（Franchisee）實際上爲一般的經營者或個人業主。

ＦＣ加盟店在開業前向總部一次性給付加盟金，得以取得經營規劃與指導；之後店鋪營運期間內，加盟主每月皆必須將銷售額按一定比例作爲權利金（Royalty）

短時間內就可以創業

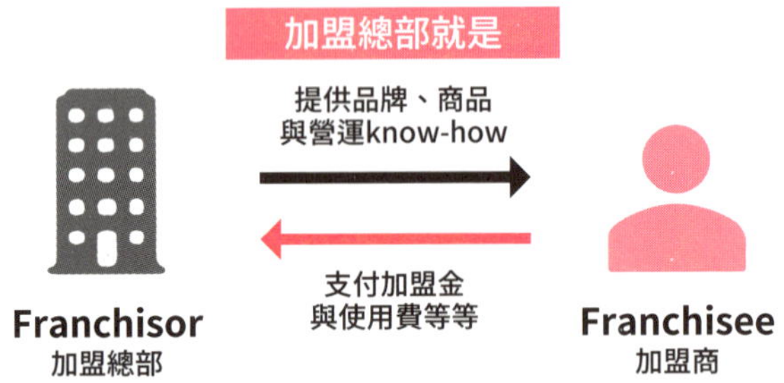
加盟總部就是
提供品牌、商品
與營運know-how
支付加盟金
與使用費等等
Franchisor
加盟總部
Franchisee
加盟商

加盟店就是在支付費用後，加盟總部會提供必要的資源與know-how，節省花在創業上的時間，也得以避開創業失敗的風險。

支付給總部。這些成本對營收來說都是負擔，但即使如此，加盟還是有相當的好處。

跳過開業前的風險與辛苦

支付加盟金所獲得的好處之一，是能夠大幅縮短開業時間，並降低風險。

畢竟，對創業來說，從零開始規劃點子很辛苦。要進行市場調查、要預測業績，也要開拓商品的進貨通路；此外，若要招聘人員，還需制定接待SOP。然而，即使是做了諸多準備，開業也仍然可能無法順利進行。

而若選擇品牌加盟，則可以直接使用總部持有的know-how，準備工作可以跳過許多環節。開店後，加盟店可透過體系內的供應鏈進貨商品與食材，總部也會指導如何經營。加盟總部的know-how來自其他分店的實際經驗，因此能降低失敗風險。

此外，能夠獲得連鎖店的知名度與品牌力加持，也是加盟的一大優點。

譬如看見客美多咖啡的招牌就可以知道這家店的早餐菜單肯定很豐富，看到LAWSON的招牌就會想「來去買炸雞塊（唐揚君）好了。」也就是說，**加盟連鎖的好處就是消費者一看見招牌就知道這家店有什麼特徵，因此也能感到安心，當然也就更願意光顧，加盟商的營收也會趨於穩定。**

6-6 爲什麼賺錢的公司還要借錢？

不要怕跟銀行借錢

對創新事業來說，有兩件事是必要的，其一是想法，其二是資金。

不管有再好的點子、再好的想法，沒有資金就無法實現。爲了避免陷入這樣的窘境，**在評估想法與點子的同時，也應持續思考資金籌措方式，並預作準備，未雨綢繆。**

會賺錢的企業大多深諳此道，因此當好點子浮現時，就能立即展開行動，從而拉開與競爭對手的差距。

增加手頭資金的方法，最穩健的方式是逐步累積利潤，但借貸也是一種選擇。對很多經營者來說，這樣的做法或許多少都有點心理障礙也說不定。因爲在日本，「借錢就是風險」、「無借貸經營才是王道」這樣的想法可說根深蒂固。

透過融資創建新事業，進行投資，並利用新收益來推動企業成長，以建立良性循環。融資是有效的資金運用方式，也是推動企業成長的重要動力。如果過度執著於無借貸經營，反而會讓這個循環難以建立。

觀察大型企業的融資狀況，可知市值居日本首位的豐田汽車（Toyota）擁有近三十兆日圓（約新臺幣六兆六千億元）的負債（有利息負債）。

大型通信企業SoftBank的負債超過二十兆日圓（約新臺幣四兆四千萬元），甚至高於其年度營收。由此可見，融資並非壞事，成長中的企業往往更擅長靈活運用借貸。

資金效率最大化

企業透過融資擴展的優點之一，就是能夠「買時間」。

譬如，若新創事業需要一億日圓（約新臺幣兩千一百萬元），但存到這筆資金需時一年，這個計畫就至少要等一年才能啓動。在這段時間當中，競爭對手可能會搶

先進入市場，迫使企業必須重新規劃方向。

而若透過融資籌措資金，便可立刻啓動計畫。可說支付融資利息的成本，實際上是用來「購買」一年的時間差。若能搶先進入市場、超越競爭對手並獲取收益，利息成本也能迅速回收。

此外，**若融資能爲資金加上槓桿，便更能進一步提升資金運用效率。**「槓桿」，源自「槓桿原理」，就投資與經營而言，指的是放大手頭資金的經濟效益，以提高資本運用效率。

例如，若投資一億日圓用於開設分店，最終帶來五%的營收成長，則手頭資金就會增加五百萬日圓（約新臺幣一百萬元）。

然而，若透過融資擴大投資至十億日圓，分

店數與營收皆可能增長十倍。這便是槓桿效應的作用，融資可作爲放大收益的手段，使資金運用達到最大化。

活用融資的優勢

關於融資，另一個重點是：並非所有企業都能順利獲得資金。向金融機構借款時，信用審查是必須的，若企業本身業績就不好，很可能無法獲得貸款。

相反地，若企業信用良好，金融機構甚至可能主動邀請融資，企業便能以較低的利率取得資金。

而若能**以低利率融資，便能夠降低資金籌措成本，進而提升投資收益。換言之，能夠以低成本取得貸款，以及是否能融資，可說是企業的一項競爭優勢。擁有這項優勢的企業，才能透過融資「買時間」，並運用槓桿效應將收益最大化。**

此外，業績也可能產生波動。或許明年業績就不會有今年好，銀行可以融資的

活用融資可提升收益

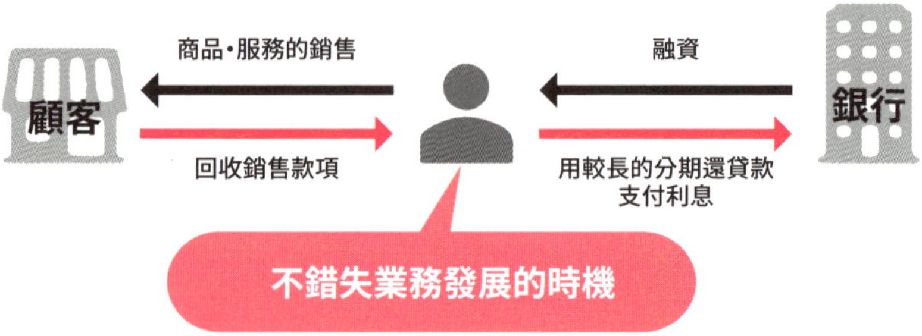
商品‧服務的銷售
融資
顧客
銀行
回收銷售款項
用較長的分期還貸款
支付利息
不錯失業務發展的時機

若僅依賴現有資金進行規劃，可能導致無法實現想法或規模受限。透過向銀行等金融機構融資，可縮短累積資金的時間。

金額也會減少，利率也可能會增加。

因此，爲了充分發揮企業的優勢，應該在能夠融資的時候就積極融資，這樣才能最大限度強化資金的靈活調度，這也是很重要的事。

就算沒有特別的展店或是其他開發計畫，考慮到有備無患的原則，手邊隨時準備資金，隨時可以派上用場。

除了投資在新創事業或是新的計畫上，資金也可轉換爲股票或不動產，以進行資產運用。透過分散投資至多元資產，不僅能提高資金的增值潛力，也能提升資產管理的穩定性。

考慮到這些做法與效益，改變「借錢就是不好的」這種刻板觀念也很重要。

能夠獲得融資也是一種信用的表現

「上市企業有利息負債之金額」

資料時間：2023年12月底
（單位：百萬日圓）

企業名稱	有息融資
豊田汽車(Toyota Motor Corporation)	(連)29,380,273
軟銀集團(SoftBank Group)	(連)19,478,194
野村控股(Nomura Holdings)	(連)11,742,070
日本電信電話(NTT)	(連)8,230,536
本田(Honda)	(連)7,665,168
三菱HC資本(Mitsubishi HC Capital)	(連)7,631,801
日產汽車(Nissan)	(連)6,902,948
軟銀(SoftBank)	(連)6,134,501
東京電力控股(Tokyo Electric Power Holdings)	(連)5,734,427
歐力士(Orix)	(連)5,718,519

譯註：(連)合併數據，即包含母公司與子公司的總負債

觀察這些日本著名企業的財務狀況，可知這些知名企業的融資額度相當龐大。如果要擴充企業規模，融資是相當有效的手段。但若缺乏信用，也無法獲得大額融資。

由於銀行這類的金融機關很重視還款能力，因此相對於經營上比較辛苦的企業，會更想融資給穩定成長的企業。

我認識的人有在做加盟，目前是加盟主
作為經營者，希望他能夠好好努力
泰子的家
經營者啊……
說到這個，最近我從菅原先生那裡學到很多關於商業的事……
……重新來用功一下好了，商業的事情也蠻有趣的
我想知道更多！
商業一年級
創業講義

閃亮
閃亮
菅原先生，我決定了！
砰一！
我要自己經營一家公司！
耶!?
加瀨木社長
一點時您要見A社的專務
然後有3場對談與訪問
我知道了，馬上過去
今天也很忙呢……
呼～
泰子

獨立到現在已經十年了……到今天這個成就，真的是碰到很多事呢
風光的女強人～
如果不是菅原先生告訴我商業的有趣之處，真不知道我現在會在做什麼呢
呼…
說到這個，不知道菅原先生現在在做什麼呢？
啊！
喂——！
喂～加瀨木小姐～
那個聲音是…!?

加瀨木小姐啊
呼呼
大睡…
午休時間結束了喔——
噗
啊！
超舒服的社長椅呢？雜誌的訪問呢?!
張望!!
妳在說什麼啊？
什麼啊，是夢啊
女強人社長
年營業額●億
媒體大篇幅報導
全都是幻想!!
妳是太累了吧去喝點什麼，補充元氣吧！
!
太好了！我想喝珍珠奶茶！
哈！
妳真的很喜歡珍珠奶茶耶
對！
泰子後來確實獨立當老闆的事情，就是另一個故事啦！

結語

無論產業類別或規模，企業都可以分爲兩類：賺錢的企業，以及不賺錢的企業。

如果將「賺錢」轉換「營利」（黑字），實際上，日本的企業中能夠維持黑字營利的企業不到四成。甚至是以經營支援與企業重整爲使命的顧問公司，也有近四成是赤字經營。

從這個實際狀況可以看出，喊出「提升業績」、「開展新創企業」這樣的目標並不難，但眞正實現卻絕非易事。

企業經營者要完成的，正是這些充滿挑戰的任務。爲了提供可能有助於這些挑

戰的見解，我決定撰寫本書，並從稅務專家的角度、我的專業領域——從經營顧問的視角，以及作爲一名普通人透過生活建立的觀點，進行分析與解說。

我透過稅務工作支援眾多企業，除了擔任稅務顧問，也提供有助於經營穩定與成長的資金籌措方法與活用各類制度的相關建議。近年來，對這些內容感興趣的人數增加，講座與研討會邀約也因此明顯變多。此外，個人方面，我也透過經營自媒體，包含YouTube、部落格與各類SNS積極地向廣大對經營管理有興趣的讀者分享相關資訊。

對我來說，最值得自豪的一點是：我支援的企業全都有賺錢。

原本就是黑字營利的企業，在我的協助下進一步提升業績；原本虧損的企業，不僅成功轉虧爲盈，甚至有些已經接近黑字營利階段，穩步成長。

這些企業的經營者都有一些共通點，例如：很在意細節、很有行動力、財務管理方面相當嚴謹。此外，他們在打造高獲利事業方面，也展現相似的特質。作爲本書的結尾，我想分享其中兩個我認爲最重要的共通點。

第一個共通點：不過度堅持自己的想法。

當經營者計畫展開新事業，或是希望讓現有業務更上一層樓時，許多人會試圖打造顛覆市場的產品，或創造顛覆業界常識的商業模式。簡單地說，他們都希望成爲賈伯斯。

這種精神當然十分可貴。正如 iPhone 的誕生，讓智慧型手機成爲人們生活的一部分；社會的變革往往來自於天才型企業家的劃時代創新。因此，身爲經營者，希望能有這樣的發明，確實是可以理解的。

然而，社會的進步實際上是透過無數小型創新的累積，使生活變得更加便利與富足。而這正是創業成功的機會所在。

譬如珍珠奶茶，這是本來就存在的商品，但當珍珠奶茶被重新包裝爲「可邊走邊喝的時尚飲品」，市場便重新燃起熱潮；星巴克也並不是在咖啡上有什麼創新，而是將傳統喫茶店轉型爲全球連鎖咖啡品牌。即使沒有從零到一的原創性發明，但只要在創新過程中，能夠觀察與分析既有商品與商業模式，找出不便之處並加以改善，或賦予新的價值，也能打造成功的事業。

但如果過於執著「完全原創」，反而難以察覺這些機會。舉例來說，若認爲

「現在還講什麼珍珠奶茶啊（已經沒市場了）」或「喫茶店就是喫茶店（就是那樣）」，便可能錯過眼前的商機。

本書所介紹的案例，並非來自天才企業家從零創造的全新商業模式，幾乎都是透過創意與改良，使既有事業進化與重生的實例。要能夠在經營上獲利，關鍵其實就藏在我們的日常生活中。

成功的經營者會持續觀察人流與資金的流向，並在需求、時代變遷、技術發展等變化中捕捉創新的機會。

第二個關鍵點：永不放棄挑戰

成功的經營者往往有非常巨大的動力與慾望達成自己設下的目標。這個目標可能是想賺更多錢、對社會做出貢獻，或是與夥伴們一起享受工作的樂趣，無論是哪一種，他們都始終在思考與行動，以達成自己的目標。

然而，創業並不容易。大多數的創業不會一次就成功，許多新創事業都要經歷數年的虧損，才能逐步獲利。因此，要成功，就要不斷挑戰。正如一部知名漫畫中的名言：「現在放棄，比賽就結束了。」

挑戰的過程中，失敗無可避免。我從一名普通的稅理士出發，經歷許多波折，才走到今天這個「原先不想成爲稅理士的稅理士」的定位。然而，我始終沒有放棄，因爲我心中有個明確的目標：成爲能眞正幫助企業經營者的人。如今，我獲得許多經營者的信賴，也能與優秀的夥伴一同愉快地工作。

回顧過去，我深刻體會到：正是因爲沒有放棄，才迎來現在的成就。

再補充一點是：我認爲挑戰本身就是一件非常有趣的事。走在街上觀察各種店與服務，便能夠激發我的靈感：「這個機制或許可以應用到我們的事業上」，或是「這家人氣店的經營方式，應該介紹給我們的客戶」——類似的想法不斷浮現，這實在令人興奮。我要說，當你投入並享受工作，周圍的人也會被這份熱情吸引，進而帶來更多資訊與機會，幫助你改善商品與商業模式，最終當然就更容易賺到錢、甚至吸引資金。

此外，現今的社會對於挑戰者的態度已經變得更爲寬容。若是以前，稅理士經營YouTube頻道，可能會被說是不倫不類；但現在，反而被覺得是有趣的做法，會受到市場的歡迎與支持。這種環境正適合願意挑戰的人，因此我希望正在閱讀這本書的各位，能夠享受挑戰的樂趣，不斷累積經驗，持續成長。別滿足於現狀，相信成長的機會無所不在，並勇敢地抓住機會、邁向下一個新挑戰！

二〇二四年二月　**菅原由一**

TREND

珍珠奶茶店去哪了？

搞懂 40 種銷售密技！將無名小店變成排隊名店

タピオカ屋はどこへいったのか　商売の始め方と儲け方がわかるビジネスのカラクリ

作　　者　菅原由一
譯　　者　張竹芋
發 行 人　王春申
選書顧問　陳建守、黃國珍
總 編 輯　林碧琪
責任編輯　陳靜惠
封面設計　吳倚菁
內頁排版　洪志杰
業　　務　王建棠
資訊行銷　劉艾琳、孫若屏
出版發行　臺灣商務印書館股份有限公司
23141 新北市新店區民權路 108-3 號 5 樓（同門市地址）
電話：（02）8667-3712　傳真：（02）8667-3709
讀者服務專線：0800056193　郵撥：0000165-1
E-mail：ecptw@cptw.com.tw　網路書店網址：www.cptw.com.tw
Facebook：facebook.com/ecptw

TAPIOKAYA WA DOKO E ITTA NOKA ?
SHOBAI NO HAJIMEKATA TO MOKEKATA GA WAKARU BUSINESS NO KARAKURI
©Yuichi Sugawara 2024
First published in Japan in 2024 by KADOKAWA CORPORATION, Tokyo.
Complex Chinese translation rights arranged with KADOKAWA CORPORATION, Tokyo
through BARDON-CHINESE MEDIA AGENCY.

局版北市業字第 993 號
初版：2025 年 6 月
印刷廠：鴻霖印刷傳媒股份有限公司
定價：新臺幣 420 元

法律顧問　何一芃律師事務所
有著作權・翻印必究
如有破損或裝訂錯誤，請寄回本公司更換

國家圖書館出版品預行編目 (CIP) 資料

珍珠奶茶店去哪了？搞懂40種銷售密技！將無名小店變成排隊名店／菅原由一　作；張竹芋　譯——初版——新北市：臺灣商務印書館股份有限公司，2025.06　240面；14.8 X 21公分（TREND；5）
譯自：タピオカ屋はどこへいったのか
ISBN 978-957-05-3621-8（平裝）

1. CST: 商店管理 2.CST: 企業經營 3.CST: 行銷策略 4.CST: 創業

498　114005468